GERD LUDWIG

KATZEN-SPRACHE

SCHRITT FÜR SCHRITT VERSTEHEN LERNEN

GERD LUDWIG

KATZEN-SPRACHE

SCHRITT FÜR SCHRITT VERSTEHEN LERNEN

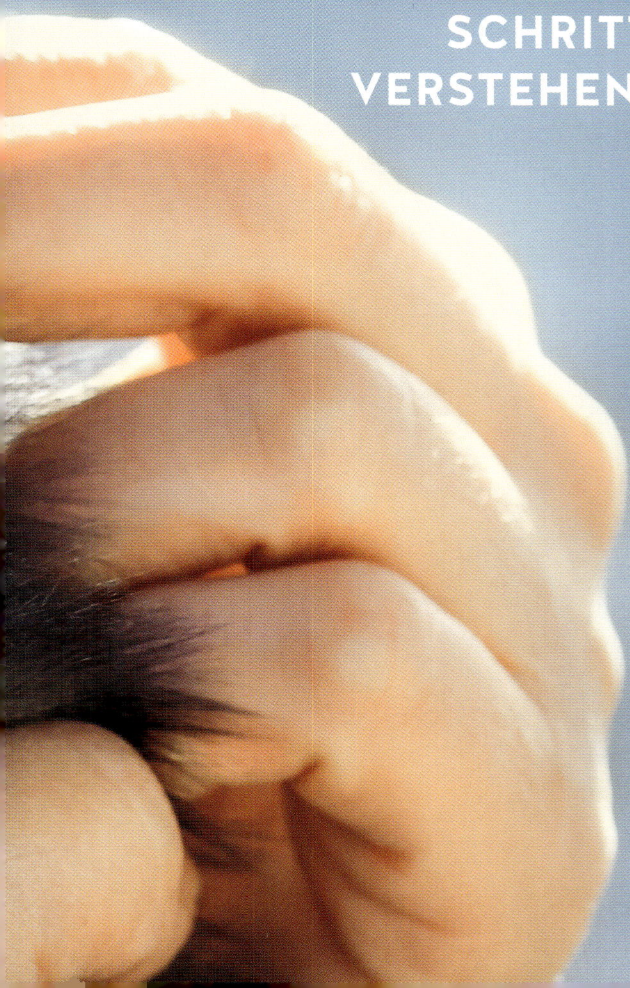

So machen Sie Ihrer Katze klar, was Sie von ihr wollen

QUALITÄTS G|U GARANTIE

DIE GU-QUALITÄTS-GARANTIE

Wir möchten Ihnen mit den Informationen und Anregungen in diesem Buch das Leben erleichtern und Sie inspirieren, Neues auszuprobieren. Bei jedem unserer Produkte achten wir auf Aktualität und stellen höchste Ansprüche an Inhalt, Optik und Ausstattung. Alle Informationen werden von unseren Autoren und unserer Fachredaktion sorgfältig ausgewählt und mehrfach geprüft. Deshalb bieten wir Ihnen eine 100 %ige Qualitätsgarantie.

Darauf können Sie sich verlassen:
Wir legen Wert auf artgerechte Tierhaltung und stellen das Wohl des Tieres an erste Stelle. Wir garantieren, dass:

- alle Anleitungen und Tipps von Experten in der Praxis geprüft und
- durch klar verständliche Texte und Illustrationen einfach umsetzbar sind.

Wir möchten für Sie immer besser werden:
Sollten wir mit diesem Buch Ihre Erwartungen nicht erfüllen, lassen Sie es uns bitte wissen! Wir tauschen Ihr Buch jederzeit gegen ein gleichwertiges zum gleichen oder ähnlichen Thema um. Nehmen Sie einfach Kontakt zu unserem Leserservice auf. Die Kontaktdaten unseres Leserservice finden Sie am Ende dieses Buches.

GRÄFE UND UNZER VERLAG
Der erste Ratgeberverlag – seit 1722.

H

Anhang

Katzen sind die Weltmeister der Kommunikation

Die meisten Arten der großen Katzenfamilie leben einzelgängerisch und pflegen nur sporadische Kontakte zu den Artgenossen. Da erscheint es logisch, dass Sprache und Verständigung für sie weniger wichtig sind. Doch das Gegenteil ist der Fall: Katzen verfügen über ein komplexes Kommunikationssystem, mit dem sie Stimmungen und Forderungen in jeder Lebenslage unmissverständlich ausdrücken. Die Körpersprache spielt dabei eine zentrale Rolle. So wie wir unserer Meinung mit Händen und Füßen Nachdruck verleihen, kombiniert die Katze Körperhaltung, Gesten und Mimik mit der Lautsprache zum unverwechselbaren Sprachbild.

Ein umfassender »Wortschatz« und die Fähigkeit zur differenzierten Verständigung sind besonders für Einzelgänger lebens-, nicht selten überlebenswichtig. Bei feindlicher Bedrohung oder Zoff mit Artgenossen bietet sich ihnen oft nur einmal die Chance, die Fronten im Gespräch zu klären, um Tätlichkeiten zu vermeiden.

Die verblüffenden Sprachkenntnisse helfen der Hauskatze, ihre Ansprüche gegenüber Artgenossen und Menschen durchzusetzen, Wut, Trauer, Freude und Anteilnahme auszudrücken, Kontrahenten ihre friedliche Absicht zu vermitteln oder um Nachsicht zu bitten. Die Hauskatze »adoptiert« den Menschen als Ersatzmutter. Sie verhält sich uns gegenüber wie ein Kleinkind, das beschützt und versorgt werden muss, und benutzt dabei Sprachelemente ihrer Babysprache, die man im Gespräch zwischen erwachsenen Katzen nur selten hört. Nicht nur in ihrer Zweisprachigkeit demonstriert die Katze, dass ihr in Kommunikationsfragen niemand das Wasser reichen kann.

Gerd Ludwig

Was auch passiert, einer Katze entgeht nichts

Katzen leben in einer fantastischen Welt der Sinne

Wer fehlerfrei kommunizieren will, muss über geschärfte Sinne verfügen. Die Sinnesorgane der Katze sind Hochleistungsempfänger in HD und 3D. Kein anderes Tier kann so viele unterschiedliche Informationen aus seinem Umfeld abrufen und verarbeiten wie sie. Das gilt für wild lebende Arten genauso wie für die Stubentiger. Nur beim Farbensehen und der Sehschärfe erlauben sich Katzen kleine Schwächen.

Katzen sind Raubtiere. Um erfolgreich Beute machen zu können, müssen sie sich auf ihre Kraft, Körperbeherrschung und Fitness, vor allem aber auf ihre scharfen und immer hellwachen Sinne verlassen.

DIE SUPERSINNE EINER SCHLEICHJÄGERIN

Wie der Mensch orientiert sich die Katze in erster Linie optisch. Vor allem bei der Pirsch hat aber auch ihr Gehör eine wichtige Leitfunktion. Hier wie beim Riechen sind die Sinnesleistungen der Katze unseren zum Teil deutlich überlegen und speziell auf die Bedürfnisse der dämmerungs- und nachtaktiven Schleichjägerin angepasst. Darüber hinaus ist die Katze zu Wahrnehmungen und Reaktionen fähig, die uns vollständig verschlossen bleiben, etwa bei der zielgerichteten Orientierung im Gelände und dem Heimfinden über mehrere Kilometer, beim Registrieren selbst schwächster Erschütterungen des Bodengrunds oder bei ihrem verblüffenden Zeitsinn.

Augen, Ohren, Nase, Tasthaare: Die Sinnesorgane am Kopf der Katze registrieren jede Bewegung, jedes Geräusch, jeden Geruch und jede Vibration.

Augen, denen selbst die kleinste Bewegung nicht entgeht

Katzenaugen sind Hochleistungsbewegungsdetektoren. Die minimale Positionsänderung eines in die Enge getriebenen Beutetiers bleibt ihnen genauso wenig verborgen wie das fast unmerkliche Anheben der Hand des Katzenbesitzers, der seine kleine Hausfreundin davon abzuhalten versucht, aufs Sofa zu springen. Unbewegte Objekte interessieren die Katze hingegen kaum oder werden schlichtweg übersehen. Manchem Nager, der den Zähnen der Jägerin noch einmal entkommen konnte und sich tot stellte, hat dieses »Desinteresse« das Leben gerettet.

Räumliches Sehen Die Sehfelder der Augen überdecken sich in einem zentralen Bereich von 140 Grad. Diese binokulare Überlappung ermöglicht der Katze räumliches Sehen, da die Augen abhängig von ihrer Position unterschiedliche Bilder ans Gehirn schicken, die dort zum räumlichen Bild zusammengesetzt werden. Nur in der Zone binokularen Sehens kann die Katze Entfernungen richtig abschätzen – eine unverzichtbare Voraussetzung fürs erfolgreiche Beutemachen.

Die Beute im Visier Dank der vorstehenden Position der relativ großen Augen im Gesichtsschädel umfasst das Gesichtsfeld der Katze 200–220 Grad. Das ist mehr als das des Menschen (180 Grad), aber weniger als etwa das Gesichtsfeld des Hundes (250 Grad). Da Katzen Jagd auf vornehmlich am Boden lebende Beutetiere machen, müssen sie nicht die gesamte Umgebung im Blick haben, sondern vor allem den bodennahen Sektor scannen.

Verschleierter Blick Die Sehschärfe des Katzenauges ist relativ gering und etwa fünfmal schwächer als unsere. Die Akkomodation, das Scharfstellen der Augen, vollzieht sich im Nahbereich eher langsam. Hier verlässt sich die Katze mehr auf ihren Geruchs- und Tastsinn. Der Blick in die Ferne liefert verschwommene Bilder, ähnlich denen, die ein kurzsichtiger Mensch sieht, wenn er die Brille abnimmt. Objekte, die nicht weiter als 6 bis 8 Meter entfernt sind, sieht die Katze scharf, dahinter taucht alles in einen diffusen Schleier. Im Alltag haben fehlende Sehschärfe, mangelhafte Fernsicht und eingeschränktes Farbensehen (→ rechte Seite) keine große Bedeutung. Hier punktet das Katzenauge vielmehr mit seiner hervorragenden Sehleistung bei schlechten Lichtverhältnissen und in der Dämmerung.

Erkennt Sie Ihre Katze? Ihre Katze ist weiter weg, und Sie wollen sie auf sich aufmerksam machen, ohne zu rufen? Dann machen Sie einfach ein paar Schritte – am besten zur Seite – und bewegen sich dabei so, wie Sie es normalerweise tun. Fast immer wird die Katze Sie an dem ihr vertrauten Bewegungsmuster und an Ihrer Körperhaltung erkennen und herbeikommen.

Mit Blendenautomatik und Restlichtverstärker

Die Pupille als zentrale Öffnung der Iris oder Regenbogenhaut ist typisch für Wirbeltiere. Sie kann rund, oval oder – wie bei der Hauskatze, anderen Kleinkatzen, Geckos und einer Reihe von Schlangen – schlitzförmig sein.

Blendenautomatik Die Pupille im Auge der Katze verengt sich im hellen Licht zum schmalen senkrechten Schlitz und erweitert sich bei Restlicht und im Dunkeln kreisförmig. Die Adaptation an wechselnde Lichtverhältnisse funktioniert bei schlitzförmigen Pupillen schneller als bei Pupillen, die sich kreisförmig zum Punkt verengen, wie das bei uns, beim Hund, aber auch bei Großkatzen wie dem Löwen der Fall ist. Tiere mit schlitzförmigen Pupillen haben multifokale Linsen. Sie liefern ein schärferes Bild als die monofokalen Linsen bei runden Pupillen. Die Pupillenweite verringert sich auch beim Naheinstellen des Auges.

INFO

Mit den Augen hören

Über den Sehnerv im Auge empfängt die Katze auch akustische Signale, die in den entsprechenden Nervenzellen des Großhirns verarbeitet werden. Die optischen und akustischen Informationen sind Basis der Hörbilder, mit denen sich Katzen orientieren.

Stimmungsbarometer Die Größe der Pupille ist ein Indiz für die Gefühlslage: Sie weitet sich zum Beispiel bei ängstlichen Tieren und verengt sich, wenn die Katze angespannt oder wütend ist (→ Seite 30).
In Dämmerung und Dunkelheit erweitern sich die Pupillen auf bis zu 90 Prozent der Augenfläche. Für die außergewöhnliche Sehleistung im Restlicht sind noch weitere Besonderheiten des Katzenauges verantwortlich: zum einen die hohe Anzahl der Stäbchen-Fotorezeptoren, zum anderen das *Tapetum lucidum,* eine hinter der Netzhaut liegende reflektierende Schicht.
Besser sehen in der Dämmerung Sehzellen vom Stäbchen-Typ nehmen Helligkeitsunterschiede wahr, die Zapfen-Sehzellen sind für Farbensehen und Sehschärfe zuständig. Die Netzhaut (Retina) der Katze ist dicht bepackt mit Stäbchen, für Zapfen bleibt wenig Platz. Im zentralen Netzhautsektor sitzen über 460 000 Stäbchen pro mm^2. Sie sorgen dafür, dass sich die Jägerin auch im letzten Dämmerlicht auf ihre Augen verlassen kann.
Restlichtverwertung Das *Tapetum lucidum* im Augenhintergrund hat die Funktion eines Restlichtverstärkers. Es reflektiert einfallendes Licht, das nochmals die Netzhaut trifft und die Sehzellen erneut aktiviert. Bei Katzen dienen kristalline Einlagerungen im *Tapetum* als Reflexionsfläche, bei anderen Tieren auch Bindegewebsstrukturen oder Farbpigmente. Das *Tapetum* ist auch verantwortlich dafür, dass Katzenaugen aufleuchten, wenn sie im Dunkeln angestrahlt werden.
TV für die Katze Die Flimmerrate (englisch »flicker fusion rate«) gibt an, wie viele Bilder das Auge pro Sekunde verarbeiten muss, um sie als Bewegungsablauf wahrnehmen zu können. Beim Menschen liegt der Flicker-Wert bei einer Bildfrequenz von 50 Hz, bei der Katze bei 70–80 Hz. Fernsehbilder, die mit 60 Hz ausgestrahlt werden, nehmen wir daher als fortlaufenden Film wahr, die Katze sieht sie als Abfolge von Einzelbildern. Im Zeitalter moderner TV-Geräte, die mit einer 100-Hz-Technik oder noch höheren Bildwiederholungsraten arbeiten, sind auch für die fernsehschauende Katze bessere Zeiten angebrochen: Ihren Lieblingskatzenfutter-Werbespot kann sie jetzt in bewegten Bildern genießen.

Die Pupille im Katzenauge verändert ihre Größe je nach Helligkeit. Gleichzeitig zeigt sie auch die Gefühlslage der Katze an.

Farbensehen mit gewissen Einschränkungen

Sehzellen vom Zapfen-Typ ermöglichen das Farbensehen. In der Retina des Katzenauges sind sie in der Minderheit. Hier dominieren die auf Helligkeitsunterschiede ansprechenden Stäbchen: Auf 25 Stäbchen kommt nur ein Zapfen, bei uns liegt das Verhältnis Stäbchen zu Zapfen bei 4 zu 1. Im Menschenauge gibt es drei Typen von Zapfen (trichromatisches Auge), die von unterschiedlichen Wellenlängen aktiviert werden: die S-Rezeptoren reagieren auf kurzwelliges Licht (Blau), M-Rezeptoren

Ein Restlichtverstärker im Auge der Katze sorgt dafür, dass sie auch im fast Dunkeln noch sieht. Schlechte Karten für die Maus.

auf mittelwelliges (Gelb) und die L-Rezeptoren auf langwelliges Licht (Rot).

- Im Auge der Katze findet man nur S- und M-Zapfen, über 80 Prozent davon gehören zum M-Typ. Das Katzenauge ist wie das des Hundes dichromatisch (zweifarbig).
- Katzen können mit Ausnahme von Rot alle anderen Farben recht gut unterscheiden, sehen allerdings keine kräftigen Farbtöne, sondern ein eher verwaschenes Pastell. Ihr Sehvermögen entspricht etwa dem von Menschen mit Rot-Grün-Sehschwäche (sogenannte Farbenblindheit), die Rot und Grün kaum oder nicht unterscheiden können. Eine große Rolle spielen Farben im Leben unserer vornehmlich dämmerungs- und nachtaktiven Hausfreundin aber sowieso nicht.
- Katzen kommen blind zur Welt. Bei den Neugeborenen liegt ein Häutchen, die Pupillarmembran, über der Pupille, das sich nach einigen Tagen zurückbildet. Die Augen öffnen sich 9 bis 12 Tage nach der Geburt.

Katzenohren schlafen nie

Während für den Menschen 20 000 Hz die obere Hörgrenze markieren, können Katzen noch hochfrequente Ultraschalltöne bis fast 80 000 Hz wahrnehmen.

- Das ist exakt der Frequenzbereich, in dem ihre Vorzugsbeutetiere leise wispernd Stimmfühlung miteinander halten. Aber nicht leise genug: Zur Verbesserung der Abhöraktion drehen sich die Ohrmuscheln automatisch und unabhängig voneinander zur Geräuschquelle hin und orten Entfernung und Richtung auf wenige Zentimeter genau, ohne dass die Katze dabei den Kopf zur Seite wenden muss. 32 Muskeln sorgen dafür, dass die Ohrmuscheln über einen Bereich von 180 Grad jede Position einnehmen können. Der Schall erreicht die beiden Ohren um Sekundenbruchteile versetzt. Trotzdem reicht diese minimale Zeitdifferenz aus, um der Katze die exakte Position der Schallquelle zu verraten. Der Antitragus, eine kleine Hauttasche an der Außenseite des Katzenohrs, unterstützt das Richtungshören zusätzlich. Das Katzenradar funktioniert so perfekt, dass Beutetiere auch bei völliger Dunkelheit rein akustisch geortet werden können.
- Als Hörschärfe-Winkel bezeichnet man den kleinsten Winkel, bei dem zwei Geräusche noch getrennt wahrgenommen werden. Beim Menschen beträgt er 8,4 Grad, bei der Katze fantastische 1,5 Grad. Selbst auf große Distanz kann sie daher Geräuschquellen, die dicht nebeneinanderliegen, noch unterscheiden.
- Auf manche Töne, vor allem auf hohes Pfeifen und Quietschen, reagieren Katzen empfindlich, oft auch verstört (→ SPRECHSTUNDE, rechte Seite). Andere Geräusche wiederum lassen sie erstaunlich kalt, häufig selbst solche, die so laut sind, dass wir uns die Ohren zuhalten. Da die Katze im Ultraschallbereich eine Vielzahl von Tönen wahrnimmt, die uns zwangsläufig verborgen bleiben, fällt es nicht

immer leicht, die Ursache für ihre Reaktion auf bestimmte Geräusche zu erkennen.

- Jeder Katzenhalter wird bestätigen können, dass sein Stubentiger auch im dicksten Lärm seelenruhig sein Nickerchen hält. Das mag angesichts der hochsensiblen Katzenohren verblüffen, findet seine Erklärung aber in der Fähigkeit der Katze zur selektiven Geräuscherkennung: Dabei werden vertraute Umgebungsgeräusche bereits im Ohr herausgefiltert und nicht an die Schaltzentrale im Gehirn weitergeleitet. Bei aufregenden oder alarmierenden Tönen, etwa dem Rascheln der Trockenfutterpackung oder dem Fiepen einer Maus, ist die Katze sofort hellwach, ansonsten aber schlummert sie völlig entspannt selbst bei dröhnender Musik. Doch auch wenn Katzen gut abschalten und ihre Ohren »auf Durchzug« stellen können, sollte es in einem Katzenhaushalt eher gedämpft zugehen.

Personenkontrolle und Liebesbotschaften

Schon rein äußerlich hält das Näschen der Katze den Vergleich mit dem unübersehbaren Riechorgan eines Hundes nicht stand. Die Hundenase bringt es je nach Rasse auf bis zu 200 Millionen Riechzellen, die der Katze »nur« auf 60 bis 65 Millionen. Unserer Nase mit ihren maximal 20 Millionen Riechzellen ist sie damit aber immer noch weit überlegen. Gerüche spielen im Katzenleben eine wichtige Rolle, in erster Linie in der Verständigung mit den Artgenossen, so zum Beispiel bei Begegnungen mit fremden und befreundeten Katzen und der Kontrolle ihrer Identität, beim Hinterlassen von Botschaften im Revier und nicht zuletzt im Sexualverhalten.

Geruchsproben und Duftmarken Duftstoffe werden von Talg- und Schweißdrüsen, aber auch mit dem Kot und durch Verspritzen von Harn abgegeben. Im Nahbereich und im direkten Kontakt verlässt sich die Katze in der Regel mehr auf ihre Nase als auf die Augen. Der Körpergeruch ihrer Artgenossen sowie die von ihnen hinterlassenen Duftmarken liefern eine Fülle von Informationen über Geschlecht, Persönlichkeit, körperliche Verfassung und Revieransprüche.

Pheromone Die Duftdrüsen einer rolligen, paarungsbereiten Kätzin geben Sexuallockstoffe ab. Diese sogenannten Pheromone werden von Katern der ganzen Umgebung wahrgenommen und locken Freier auch aus mehreren Kilometern Entfernung an.

SprechStunde

Ein Notruf, der jeder Katze Beine macht

Mit klagenden Fieptönen ruft ein Katzenbaby nach Mama, wenn es sich verlassen fühlt, Hunger hat oder friert (→ Seite 37). Die Mutter reagiert sofort auf diesen Notruf. Die Reaktion lässt sich bei jeder Katze auslösen, wenn man anhaltend und in hoher Tonlage fiept. Auch Ihre Katze eilt herbei und forscht nach der Ursache. Dabei ist sie sichtbar erregt und beruhigt sich nur langsam. Wiederholen Sie die Aktion bitte nicht, um die Katze nicht unnötig unter Stress zu setzen.

Katzen können in fast jeder Lebenslage Siesta halten. Ihre Ohren aber sind immer auf Empfang und sorgen dafür, dass Mieze bei jedem ungewöhnlichen Geräusch sofort hellwach ist.

Flehmen Die Mimik ist unverkennbar. Der Mund ist leicht geöffnet, die Mundwinkel sind nach hinten gezogen, die Nase ist gekräuselt, die Oberlippe hochgezogen, der Blick geht irgendwo starr in die Ferne: Die Katze flehmt. Die flehmende Katze nimmt spezielle, besonders intensive Gerüche in der Luft wahr, die dann vom Vomeronasalen oder Jacobsonschen Organ (→ Seite 50), das im Gaumendach sitzt, auf ihre Bestandteile geprüft werden. Auffallend stark flehmen Katzen bei Sexualgerüchen. Mit Flehmen reagieren viele Katzen auch auf den Duft von Katzenminze, Baldrian und anderen Pflanzen und fallen dabei häufig für mehrere Minuten in einen rauschartigen und entrückten Zustand.

Süßes kennt die Katzenzunge nicht

Dass Katzen in Futterfragen wählerisch sind, hängt vor allem von ihrer Nase ab: Das Angebot im Fressnapf wird erst akzeptiert, wenn es den Geruchstest bestanden hat.

- Der Geschmackssinn der Katze ist weniger gut ausgeprägt. Verantwortlich dafür sind Geschmacksknospen, die in Papillen an der Spitze, den Seiten und der Basis der Katzenzunge sitzen. Insgesamt sind es nicht mehr als 500 Rezeptoren, die ihre Geschmacksinformationen ans Gehirn weiterleiten. Im Vergleich dazu erlauben die 9000 Geschmacksrezeptoren des Menschen eine sehr viel differenziertere Geschmackswahrnehmung.

- Wie wir kann die Katze neben bitteren, sauren und salzigen Nahrungskomponenten auch umami unterscheiden. Die Geschmacksrezeptoren für umami konnten bei ihr nachgewiesen werden. Umami (japanisch für herzhaft, wohlschmeckend) steht für eine Geschmacksqualität, die proteinreiche Nahrung anzeigt und durch die Glutaminsäure hervorgerufen wird. Glutamat, das Salz dieser Aminosäure, wird vor allem in der asiatischen Küche gern als Speisezusatz verwendet, um einen vollmundigeren Geschmack zu erzeugen.
- In den Geschmacksknospen auf der Katzenzunge finden sich auch Rezeptoren für die Geschmacksrichtung süß. Dass Katzen – im Gegensatz zu fast allen anderen Säugetieren – Süßigkeiten verschmähen, weiß man schon lange. Inzwischen haben die Wissenschaftler die Ursache dafür gefunden: Ein Gendefekt im Erbgut bewirkt, dass die zuständigen Rezeptoren funktionslos sind und Katzen Süßes nicht schmecken können. Das gilt für die Hauskatze wie auch für ihre wild lebenden Verwandten.

Supersensible Haare und Pfoten

Selbst im Halbdunkel findet sich die Katze noch optisch zurecht. In totaler Finsternis übernehmen dann die Ohren die Orientierung. Richtungshören und Ultraschallortung sind so leistungsfähig, dass Katzen auch nachts Beute machen können. Dabei spielen aber auch Berührungsreize eine entscheidende Rolle. Für den hoch entwickelten Tastsinn der Katze sind die auch Vibrissen genannten Tasthaare und die auf Erschütterungen reagierenden Rezeptoren in den Pfotenballen verantwortlich.

Tasthaare Die meisten Vibrissen sitzen an Ober- und Unterlippe, über den Augen, am Kinn und den Wangen, aber auch an den Innenseiten der Vorderbeine.

- Die Tasthaare sind wesentlich dicker, steifer und länger als die anderen Haare der Katze. Sie enden tief in der Haut in Haarbälgen, in deren Wänden Nerven liegen, die bei jeder Berührung oder Vibration eines Tasthaars gereizt werden und ihre Informationen an das Gehirn senden. Ein leichter Luftzug oder eine Luftverwirbelung, wie sie an festen Körpern auftritt, reicht aus, um den Impuls auszulösen. Auf gleiche Weise werden auch Temperatur- und Luftdruckschwankungen wahrgenommen.
- Die auffälligsten Tasthaare sind die langen Schnurrhaare, die in den Schnurrbartkissen rechts und links der Nase sitzen. Mit dem

Gerüche spielen im Leben der Katze eine wichtige Rolle. Duftmarken von Artgenossen werden ausgiebig beschnuppert.

Schnurren haben sie allerdings nichts zu tun, vielmehr liefern sie zuverlässige Rückmeldungen darüber, ob die Katze einen Durchschlupf oder eine Spalte passieren kann, ohne stecken zu bleiben. Bei der Begrüßung von Artgenossen stehen sich die Katzen Nase an Nase gegenüber und spreizen den Schnurrbart nach vorn ab, bis sich ihre Schnurrhaare berühren. Auch beim Beutemachen leisten die Schnurrhaare wichtige Hilfe: Sie kontrollieren die richtige Position des Bisses, wenn die Jägerin ihren Tötungsbiss ansetzt, und legen sich ums Beutetier, sobald die Katze es mit den Zähnen gepackt hat. Ihre Schnurrhaare kann sie dabei gezielt in jede Richtung drehen.

- In der Kommunikation mit Artgenossen hat der Schnurrbart eine wichtige Signalfunktion, da er die emotionale Verfassung der Katze anzeigt – je nachdem, ob er zur Seite gerichtet, nach vorn abgespreizt oder nach hinten gelegt wird (→ Seite 30).
- Wird ein Tasthaar an der Stirn berührt, schließen sich die Augen reflexartig und sind so vor Verletzung geschützt.
- Die Vibrissen sind schon bei Neugeborenen vollständig entwickelt. Katzen kommen blind und taub auf die Welt, Geruchs- und Tastsinn funktionieren aber bereits von Geburt an.
- Die Tasthaare liefern Informationen, die fürs Beutemachen sowie für Orientierung und Kommunikation der Katze unverzichtbar sind.

Sohlenballen Die Sohlenballen an der Katzenpfote garantieren nicht nur eine fast lautlose Fortbewegung, sie sind auch mit druckempfindlichen Sinneszellen ausgestattet, die selbst auf schwächste Bodenerschütterungen reagieren. Die Pacinische Körperchen genannten Vibrationsempfänger registrieren das Trippeln einer Maus genauso wie die ersten und noch kaum merklichen Vorboten eines Erdbebens. Besonders berührungs- und druckempfindlich sind die Sohlenballen der Vorderpfoten. Hier gibt es Sinneszellen, die Rückmeldungen über die Position von Zehen und Krallen liefern, was der Jägerin das Ergreifen und Festhalten eines Beutetiers erleichtert.

Kaspar-Hauser-Katzen Katzen, die ohne Mutter, Geschwister und andere Artgenossen aufwachsen und vom Menschen aufgezogen werden, schließen sich ihm viel enger an als Katzen mit normaler Kindheit (→ Seite 58). Da ihnen das Vorbild der Mutter und der anderen Katzen fehlt, von denen Jungkatzen in den ersten Monaten viele wichtige Verhaltensweisen lernen, können sie in der Kommunikation mit dem Menschen anfangs nur auf angeborene Verhaltensmuster zurückgreifen. Im Laufe der Zeit erweitern und verbessern die Kaspar-Hauser-Katzen ihr Kommunikationsverhalten auf der Basis von Beobachtungen, die sie in der Interaktion mit dem Menschen machen.
Als Kaspar-Hauser-Syndrom bezeichnet man körperliche und seelische Auffälligkeiten im Verhalten von Menschen- und Tierkindern, die ohne emotionale Zuwendung und andere äußere Reize aufwachsen.

KÖRPERBEHERRSCHUNG IN JEDER LEBENSLAGE

Katzen bewegen sich elegant, geschmeidig und kraftvoll. Ihre typische Gangart ist ein verhaltenes Schlendern, im Notfall und aus dem Stand bringt es eine Katze aber auf bis zu 48 Stundenkilometer, wenn auch nur über kurze Strecken. Ihr Körperbau mit der muskulösen Hinterhand prädestiniert sie jedoch in erster Linie fürs Springen und Klettern. Mit Vorliebe steuert sie erhöht liegende Plätze an, die sich als Beobachtungspunkte eignen und strategische Vorteile bei Auseinandersetzungen bieten. Höhe macht einer Katze keine Probleme, sie ist nämlich absolut schwindelfrei und balanciert sicher auf schmalen Geländern und Brüstungen.

Sicher auf allen vieren landen

Katzen kann es oft nicht hoch genug hinausgehen, und dank ihrer außergewöhnlichen Körperbeherrschung geht auch meist alles gut. Aber nicht immer. Doch selbst beim Absturz weiß sich die Katze instinktiv zu helfen. Ein Stellreflex sorgt dafür, dass sie mit den Füßen voraus landet und von ernsten Verletzungen verschont bleibt. Im freien Fall dreht sich zuerst der Vorderkörper, danach das Hinterteil in die richtige Position, wobei der Schwanz gegensteuert und die Flugphase stabilisiert. Das vollständige Wendemanöver kostet Zeit. Die reicht bei Fallhöhen von weniger als drei Metern oft nicht aus, sodass sich die Tiere hier nicht selten schwerer verletzen als beim Sturz aus größerer Höhe. Der Stellreflex reift erst nach der 5. Lebenswoche der Jungkatze aus.

Der Hochhaus-Effekt Das Fell umgibt den Körper der Katze wie ein lockerer Mantel. Diese Eigenschaft hat schon mehreren Katzen, die aus großer Höhe, zum Beispiel aus einem Wolkenkratzer, abstürzten, das Leben gerettet. Im freien Fall bläht die Luft den Fellmantel auf, und es bilden sich Luftpolster, die ähnlich einem Fallschirm die Fallgeschwindigkeit drastisch reduzieren. Die Hochhaus-Katzen trugen zum Teil ernste Verletzungen davon, viele aber kamen mit dem Leben davon.

Balanceakt ohne Seil und doppelten Boden

Das Gleichgewichts- oder Vestibularorgan der Katze sitzt wie bei allen Wirbeltieren und dem Menschen im Innenohr. Ihr hoch entwickelter Gleichgewichtssinn und der geschmeidige und muskulöse Körper ermöglichen es der Katze, sich auch in einer extremen Situation traumwandlerisch sicher zu bewegen. Dabei steuert und kontrolliert der Gleichgewichtssinn die Körperhaltung und die Bewegungen von Kopf

Im freien Fall sorgt ein Stellreflex für die Drehung des Körpers der Katze, wobei der Schwanz gegensteuert. Die Katze landet schließlich auf allen vieren.

Im Gelände ist die Katze nur Auge und Ohr. Nicht selten hört sie den hochfrequenten Flüsterfunk ab, mit dem Mäuse Kontakt zueinander halten, und ortet die Geräuschquelle punktgenau.

und Augen. Von einer Katze, die hoch oben auf kaum pfotenbreitem Sims balanciert, geht eine Selbstsicherheit und Nonchalance aus, die uns schon beim Zuschauen frösteln macht. Für viele Katzen ist die Hochseilartistik Alltag. Hilfestellung leistet der Schwanz, der als Balancierstange unverzichtbar ist. Aber selbst eine Katze ist nicht unfehlbar. Spätestens wenn ihr in luftiger Höhe ein Vogel vor die Nase fliegt, wird es kritisch, weil allzu oft die Jagdlust mit ihr durchgeht und sie vergisst, dass sie nur wenige Zentimeter vom Abgrund trennen.

- Alle Katzen haben dem Geheimrat Johann Wolfgang von Goethe etwas voraus, das der Dichter ein Leben lang vergeblich zu erreichen versuchte: absolute Schwindelfreiheit.

Zielsprung und Punktlandung

Dank ihrer kräftigen Hinterhand lassen uns Katzen im Hoch- und Weitsprung vergleichsweise alt aussehen: 2,5 bis fast 3 Meter weit oder aus dem Stand 1,5 bis 1,8 Meter hoch zu springen stellt für gesunde, normalgewichtige Haustiger keine besondere Herausforderung dar. Eindrucksvoller als Höhe und Weite ist jedoch die Perfektion und Koordination der Sprünge: Die Katze muss ihr Ziel anvisieren, Distanz und Richtung zentimetergenau abschätzen und die Sprungkraft so dosieren, dass sie exakt am Zielort aufsetzt. In der Flugphase dient der Schwanz wie beim Balancieren und im freien Fall (→ Seite 19) als Hilfssteuer. Die gut gepolsterten und mit derber Hornhaut überzogenen Pfotenballen wirken bei der Landung als Stoßdämpfer und verhindern durch ihren »Antirutschbelag«, dass die Sprungkünstlerin übers Ziel hinausrutscht.

FREMDE SINNESWELTEN

Über die »normalen« Sinnesleistungen hinaus, die auch unsere Welt bestimmen, können Katzen Sinneseindrücke verarbeiten, die uns verschlossen bleiben. Stufte man diese Wahrnehmungen lange als übersinnlich ein, sind die Wissenschaftler heute einigen der verblüffenden Fähigkeiten zumindest auf der Spur.

Heimfinden und Fernreisen

Im Wohnbereich und Revier kennt die Katze jede Ecke und hat das gesamte Gelände in ihrem optischen Gedächtnis abgespeichert.
Hörbild-Navigation Im Streifgebiet außerhalb des Heimatbezirks und darüber hinaus spielen bei der Orientierung offensichtlich Hörbilder (→ INFO, Seite 12) eine Rolle. Dazu dienen markante akustische Punkte, deren Geräusche und Lautstärke die Katze ebenso kennt wie die Einfallswinkel der Schallquellen. Sie gleicht diese Informationen mit ihrer optischen Wahrnehmung ab und setzt sie zu einer audiovisuellen Landkarte zusammen. Tests zeigten, dass Katzen sich bis zu Entfernungen von fünf Kilometern problemlos orientieren können und auf geradem Weg nach Hause zurückfinden. Bei Distanzen über zwölf Kilometer versagt ihr Orientierungssystem.
Fernorientierung Bei großen Entfernungen können Katzen nicht auf gespeicherte optische oder akustische Daten zurückgreifen. Es gibt verschiedene Erklärungsversuche für solche Fernreisen. Denkbar ist eine Orientierung an elektromagnetischen Feldern. Die Magnetfeldtheorie wird durch Studien gestützt, bei denen sich Katzen, die »Störmagnete« trugen, deutlich schlechter zurechtfanden als Artgenossen ohne Magnete. Darüber hinaus weiß man, dass im Katzenhirn Eisenpartikel eingelagert sind. Eine andere Theorie diskutiert den Abgleich der Sonnenposition mit der »inneren Uhr« (→ Der Chronometer im Katzenkopf, Seite 22). Für das Heimfindevermögen liefern solche Untersuchungen wertvolle Anhaltspunkte. Als fragwürdig hingegen muss man Berichte über Katzen einstufen, die ihren Menschen über Hunderte von Kilometern an Orte gefolgt sein sollen, an denen die Tiere nie zuvor gewesen sind. Die meisten dieser Anekdoten halten einer genaueren Überprüfung nicht stand.

INFO

Der Kater und das Bingospiel

Katzen besitzen einen untrüglichen Zeitsinn (→ Seite 22). Zu welchen erstaunlichen Leistungen sie dabei fähig sind, belegt Kater Willie. Willie lebte auf dem Uni-Gelände von Cincinnati, wo er sich regelmäßig vor einem Fenster einfand, um von dort den Bingospielern zuzuschauen. Auf den ersten Blick nichts Besonderes. Vielleicht doch: Denn die Bingopartie fand nur an den Montagabenden statt, und Willie war stets pünktlich. Man ist geneigt, an ein Ammenmärchen zu glauben, hätte nicht ein renommierter Psychologe Willies Gewohnheiten recherchiert und versichert, dass der Kater nie einen Termin verpasste.

Der Chronometer im Katzenkopf

Alle Pflanzen, Tiere und der Mensch besitzen eine »innere Uhr«, die das Verhalten und die Stoffwechselprozesse des Körpers in einem Rhythmus von circa 24 Stunden steuert. Bei Katzen geht dieser biologische Chronometer besonders genau. Jeder Halter kennt es: Sein Stubentiger findet sich auf die Minute pünktlich zur Fütterung ein und protestiert, falls der Termin nicht eingehalten wird. Auch bei den Wegerechten im Revier sorgt ein Zeitplan dafür, dass man beim Inspektionsgang nicht unversehens auf unbeliebte Artgenossen stößt.

SINNE UND SINNLICHES

Katzen brechen immer solo zur Jagd und zur Revierinspektion auf. In anderen Bereichen ihres Lebens knüpfen die vermeintlichen Einzelgänger jedoch enge Kontakte zu ihren Artgenossen, zum Menschen und zu Tieren, mit denen sie zusammenleben. Katzen, die sich gut kennen, begrüßen sich freundlich, wenn sie sich auf ihren Streifzügen treffen, erlauben befreundeten Artgenossen die Revierpassage oder sitzen einfach eine Zeit lang nebeneinander, bevor jede wieder ihrer eigenen Wege geht (→ Das Treffen der Nachtschwärmer, Seite 33).

Wir beginnen erst zu verstehen, was sich alles im Köpfchen der Katze abspielt und zu welchen Sinnesleistungen sie fähig ist.

Schmusekontakt – so wichtig wie die tägliche Futterration

Katzen, die gemeinsam unter einem Dach leben, verstehen sich meist gut. Viele suchen die körperliche Nähe ihrer Mitkatzen und kuscheln sich während der Ruhezeiten aneinander. Das Kontaktliegen spendet nicht nur Wärme, von der so manche Katze nicht genug bekommen kann, es entspannt auch und vermittelt Geborgenheit, vielleicht eine kleine Reminiszenz an die Kindertage mit Mama und den Wurfgeschwistern. Da Hauskatzen den Menschen zur Ersatzmutter erkoren haben, ist es verständlich, dass kontaktsüchtige Stubentiger ihren Lieblings-Zweibeiner bei jeder passenden und unpassenden Gelegenheit zum Schmusekissen zweckentfremden.

Schnurrende Selbstheilung

Schnurren hat viele Bedeutungen (→ Seite 37), wir assoziieren damit vor allem eine zufriedene und entspannte Katze. Schon länger beschäftigen sich die Forscher darüber hinaus mit bestimmten Frequenzen des Schnurrens, denen man eine selbstheilende Wirkung auf die Katze attestiert. Nachweislich verheilen bei ihr Knochenverletzungen deutlich schneller als bei anderen Tieren. Die im Frequenzbereich von 20 bis 50 Hz liegenden Schnurrtöne erzeugen Vibrationen, die sich auf die Knochen übertragen und die Heilungsprozesse fördern. Vergleichbar dazu kann man durch Stimulation mit Ultraschall das Zusammenwachsen von

Knochen fördern. Mehr noch: Schallwellen im Frequenzbereich des Katzenschnurrens tun auch gesunden Knochen gut und erhöhen ihre Festigkeit und Widerstandsfähigkeit.

AUGE, OHR UND NASE IM GRÜNEN BEREICH?

Gut sehen, hören, riechen und tasten ist für die Katze lebenswichtig. Schon eine leichte Erkältung mit verstopfter Nase kann dazu führen, dass sie die Mahlzeit im Futternapf nicht mehr wie gewohnt riecht und nur zögernd ein paar Häppchen frisst oder die Nahrungsaufnahme vorübergehend verweigert. Katzen sind reinliche Tiere, die sich mehrmals täglich waschen und pflegen. Die angefeuchtete Pfote hilft, Schmutzteilchen und Verklebungen an den Augen und Ohren zu beseitigen, mit den Schneidezähnen werden Zehen und Pfotenballen gesäubert sowie Krallensplitter und alte Krallenhülsen entfernt.

Täglicher Gesundheits-Check Obwohl sich Katzen intensiv pflegen, gehört die Kontrolle ihrer Augen, Ohren, Nase und Pfoten zum Pflichtprogramm des Katzenhalters:

- Sind die Augen klar und ohne Ausfluss? Eine Augenentzündung verursacht starken Juckreiz: Das Auge tränt, und die Katze kneift es ständig zu. Ein Nickhautvorfall ist typisch für Bindehautentzündung, tritt aber auch bei Bandwurmbefall und Infektionskrankheiten auf. Bei gesunden Katzen ist die Nickhaut nicht sichtbar. Kurzköpfige Katzen wie Perser neigen wegen der besonderen Anatomie ihres Schädels zur Bildung von Tränenrinnen.
- Die Härchen in den Ohrmuscheln verhindern stärkere Verschmutzung, jedoch nicht den Befall durch Parasiten. Die Ohren müssen sauber und frei von Belägen sein und dürfen nicht unangenehm riechen. Bei einer Ohrenentzündung durch Milben schüttelt die Katze den Kopf und kratzt sich ständig am Ohr.

Hellwache Sinne und ein Interesse an allem, was um sie herum passiert, kennzeichnen die gesunde Katze.

- Die Nase muss trocken und warm sein. Ausfluss ist meist ein Krankheitssymptom.
- Die regelmäßige Inspektion der Pfoten und Ballen ist vor allem bei Katzen mit Auslauf Pflicht. Zwischen den Zehen setzen sich nicht selten Steinchen, Dornen und andere Fremdkörper fest, die von der Katze nicht selbst entfernt werden können. In der kalten Jahreszeit machen Streusalz und Eis, im Sommer der Teer aufgeweichter Straßen den Pfoten zu schaffen. Vaseline schützt die Pfoten und hält die Ballen geschmeidig. Verletzungen und Risse der Pfotenballen heilen oft nur langsam und sollten im Zweifelsfall vom Tierarzt in Augenschein genommen werden.

Das dicke
Wörterbuch
der
Katzen-
sprache

Mit Augen, Pfoten und dem Katzenbuckel

Ein falscher Ton, ein Krächzen oder Kieksen – und schon wird ein Lautsignal missverstanden. Die Sprache des Körpers ist da viel eindeutiger. Katzen verständigen sich untereinander vor allem mit Gesten, mit der Körperhaltung und ihrer extrem wandelbaren Mimik. Körpersignale erreichen den Empfänger auch über größere Distanz, und – für die wilde Katzenverwandtschaft nicht unwichtig – alles spielt sich lautlos ab.

In Katzenkreisen setzt man meist auf die Sprache des Körpers, wenn man verschiedener Meinung ist und Ärger möglichst im Vorfeld vermeiden möchte, wenn man Informationen austauschen, Wünsche anmelden oder einfach nur Freunde begrüßen will. In jeder Situation verlässt sich die Katze auf Gesten und die mimischen Variablen ihres Gesichts (→ Ein Gesicht, das Bände spricht, Seite 29), um ihren Gemütszustand und ihre Ansprüche unmissverständlich zu kommunizieren.

DIE 1000 GESICHTER DER KÖRPERSPRACHE

Stellung und Bewegungen von Körper, Kopf, Beinen und Schwanz zeigen an, in welcher Stimmung die Katze ist und wie sie sich dem Gesprächspartner gegenüber verhalten wird.

Duch Körperhaltung und Gesten signalisiert die Katze, in welcher Stimmung sie gerade ist und was sie von ihrem Menschen erwartet.

Körpersignale wirken auf größere Entfernung und bieten bei einer Konfrontation beiden Seiten die Chance zum geordneten Rückzug ohne Gesichtsverlust, bevor die Meinungsverschiedenheit in der Nahdistanz eskaliert. Gesten unterstreichen aber auch friedliche Absichten, sie stärken Freundschaften, fordern zu gemeinsamer Aktivität auf oder betteln um Zuwendung und Versorgung.

Der Mensch ist die anerkannte »Oberkatze«. Doch Katzen wissen offensichtlich um unsere Unzulänglichkeiten und darum, dass wir die Feinheiten ihrer Körpersprache nicht immer richtig deuten. Lautsignale (→ Seite 35 – 43), spielen daher im Dialog Katze und Mensch eine deutlich prominentere Rolle als in der Kommunikation zwischen Katzen.

Körper und Beine Der Körper der selbstsicheren und ausgeglichenen Katze besitzt eine natürliche Spannung, sie bewegt sich flüssig und ohne Hast – typisch zum Beispiel für die Routine-Pirsch durchs Revier ohne besondere Vorkommnisse. In gleicher Körperhaltung, aber mit steil aufgerichtetem Schwanz und hoch erhobenem Kopf begrüßt man den nach

Hause kommenden Menschen. In dieser Haltung läuft die Katze auch vor ihm her und fordert ihn zum Nachfolgen auf, etwa weil der Magen knurrt und sie ihn zum Futternapf lotsen will. Eine Katze, die steifbeinig wie auf Stelzen verharrt und dem Gegner die Breitseite präsentiert, imponiert und droht und wird auch vor Tätlichkeiten nicht zurückschrecken. Anders als beim Katzenbuckel (→ Seite 31 und Abb. Seite 29) verläuft ihre Rückenlinie gerade und steigt nach hinten an. Ängstliche, unterlegene Tiere, denen keine Fluchtmöglichkeit bleibt, machen sich hingegen so klein wie möglich und knicken dazu die Hinterbeine ein, bis ihr Körper fast den Boden berührt.

Kopf Ein erhobener Kopf drückt Selbstsicherheit, Dominanz, aber auch Kampfbereitschaft aus, wenn sich die Kontrahenten – vornehmlich Kater – unverwandt anstarren. Die unsichere oder unterlegene Katze hält den Kopf gesenkt oder zur Seite und meidet den direkten Blickkontakt. Eine Katze, die mit Blicken fixiert wird, aber nicht zurückstarrt, sondern den Kopf abwendet und scheinbar desinteressiert umherschaut, ist bestrebt, die Situation zu entschärfen und einen Kampf zu vermeiden.

Schwanz Eine ausgeglichene und entspannte Katze hält den Schwanz im Bogen nach unten, nur die Spitze zeigt leicht aufwärts.

- Dass der peitschende Schwanz bei Katzen nichts Gutes verheißt, weiß jeder. Das Tempo des Hin-und-her-schlagens spiegelt den Erregungszustand wider. Doch nicht immer sind Aufregung und Wut verantwortlich. Oft befindet sich die Katze in einem »hausgemachten« Zwiespalt und kann sich nicht für eine Lösung entscheiden. Zum Beispiel, wenn sie gerade mit ihrem Menschen schmust, gleichzeitig aber der Magen knurrt und der volle Futternapf nebenan wartet.
- Der Schwanz der drohenden, kampfbereiten Katze steht vom Ansatzpunkt waagrecht ab, knickt dann aber nach unten weg und erhält so die Form eines Hakens. Die unsichere und unterwürfige Katze hält den Schwanz gesenkt und vermittelt, dass sie die Überlegenheit des Gegners anerkennt. Dass bei Katzen in Konfliktsituationen meist auch Angst und Zweifel mit im Spiel sind, lässt sich an den gesträubten Schwanzhaaren ablesen.
- Mit hoch erhobenem Schwanz begrüßt die Katze befreundete Artgenossen und Menschen ihres Vertrauens. Genauso verhalten sich schon die Katzenkinder, wenn ihre Mutter wieder zu ihnen zurückkommt. »Ich mag dich!«, sagt die Katze, wenn sie der Artgenossin den Schwanz über den Rücken legt. Die Gunstbezeugung gilt nicht nur befreundeten Katzen, sie zeichnet auch die Lieblingsmenschen und den zur Familie gehörenden Hund aus. Notgedrungen legt die Katze dabei den Schwanz um unsere Beine statt über den Rücken.

Pfoten Fühlt die Katze sich wohl, zeigt sie das schnurrend, aber auch durch rhythmische Bewegungen der Vorderbeine und -pfoten an.

- Das »Treteln« ist eine Instinkthandlung, mit der schon die neugeborenen Kätzchen den Milchfluss beim Säugen an den Zitzen ihrer Mutter anregen. Mit dem Milchtritt bearbeitet die Katze sowohl den Menschen wie geeignete, möglichst flauschige Stoffe, wobei sie auch die Krallen ein- und ausfährt. Dabei markiert sie Menschen, befreundete Tiere und Objekte zugleich mit Duftstoffen aus den Duftdrüsen an den Pfotenunterseiten als ihren Besitz.
- Die Pfote hilft der Katze auch, auf Distanz zu gehen. Ganz im wörtlichen Sinn, nämlich stets dann, wenn ihr nicht mehr nach Nähe ist. Hält ihr Mensch sie auf dem Arm und übersieht die ersten Unmutsreaktionen, drückt sich die Katze mit der Pfote von ihm ab und unterstreicht mit bösem Blick, angelegten Ohren, peitschendem Schwanz und Knurren, dass Schluss mit lustig ist. Fruchtet das nicht, macht der unbelehrbare Zweibeiner Bekanntschaft mit den Zähnen und Krallen der Katze.

• Eine hoch erhobene Pfote ist ein deutliches Warnsignal: Bis hierher und nicht weiter!
• Anstupsen mit der Pfote ist gängige Katzenpraxis, um die Aufmerksamkeit des Menschen zu erringen (→ Seite 54). Pfotenauflegen wiederum ist der sanfte Beweis dafür, wie sehr der Stubentiger seinen Besitzer mag.

Fell Das Fell liegt normalerweise glatt am Körper an. Eine eingeschüchterte oder unterlegene Katze sträubt große Fellpartien ab, die drohend-kampfbereite Katze hingegen nur die Rücken- und Schwanzhaare. Bei Halblanghaar- und Langhaarkatzen erkennt man die Reaktion des Fells oft kaum oder gar nicht.
• Ein dauerhaft leicht gesträubtes, dabei oft struppig und glanzlos wirkendes Fell ist nicht selten das erste Anzeichen einer Erkrankung.
• In der Kälte plustern Katzen ihr Fell auf und erzeugen so ein isolierendes Luftpolster.

Liebesbisse und Küsse Katzenbisse sind nicht immer böse gemeint. Häufig zwickt die Katze den vertrauten Menschen ganz sachte mit den Zähnen, soll heißen: »Schön, dass es dich gibt!« Begleitet wird das Beknabbern von Schnurren. Der Liebesbiss hat tatsächlich mit Liebe zu tun: Er ist Teil des Sexualverhaltens der Katze, wo der Kater die Kätzin während der Paarung in den Nacken beißt. Manche nicht kastrierte Kater beißen aus sexueller Erregung, wenn sie am Bauch gekrault werden. Fast jeder Halter kennt auch die »Küsse« seiner Katze, wenn sie ihm die Hand oder den Arm leckt – auch das ist eine Freundschaftsgeste.

Ein Gesicht, das Bände spricht

Die Mimik, der Gesichtsausdruck der Katze, unterstützt die Körper- und Lautsignale und vermittelt Stimmung, Selbstbewusstsein und Absichten. Dabei spielen Größe der Augen und Pupillen, Blickrichtung, der offene oder geschlossene Mund, das Zeigen der Zähne und besonders die Position von Ohren und Schnurrhaaren eine wichtige Rolle.

Buckel und gesträubtes Fell sollen den Gegner beeindrucken. Je enger dabei Vorder- und Hinterbeine stehen, desto eindrucksvoller gerät der Katzenbuckel.

Augen Die Größe der Pupillen hängt vom Lichteinfall ab. Sie ist darüber hinaus auch ein Stimmungsbarometer.

- Große Pupillen zeigen an, dass etwas das Interesse der Katze erregt hat. Sind die Augen weit aufgerissen, ist Angst im Spiel. Verengen sich die Pupillen zum Schlitz, brodelt es in der Katze. Unmut und Wut können in aggressives Verhalten umschlagen, falls die Ursache des Ärgers nicht beseitigt wird.
- Ihre Artgenossen und den Menschen schauen Katzen selten direkt an. Anstarren gilt unter Katzen als Bedrohung. Eine Katze, die Konflikte vermeiden möchte oder sich unterlegen fühlt, wendet den Blick ab. Den gegenteiligen Effekt hat Blinzeln: Blinzelt man eine Katze langsam an und wendet den Blick zur Seite, ist das für sie ein klarer Freundschaftsbeweis.

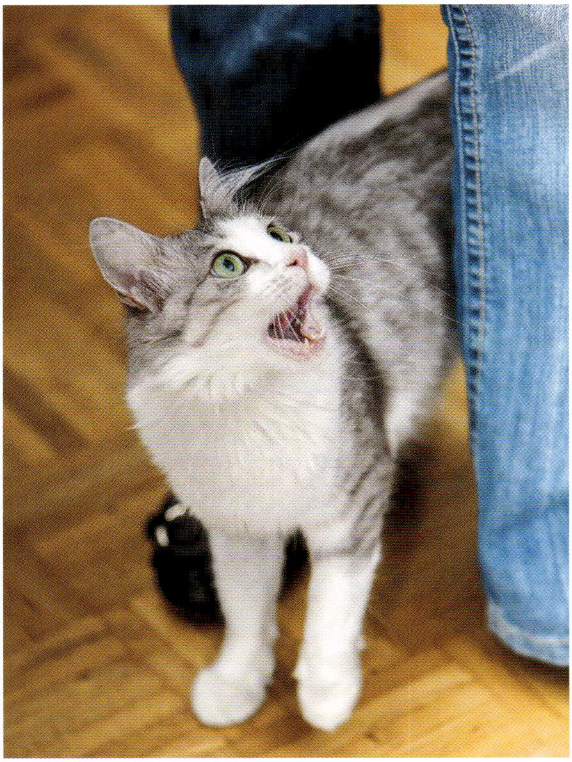

Ohren Die Stellung der Ohren signalisiert den Gemütszustand der Katze. Bei einem freundlich gestimmten, ausgeglichenen Tier sind sie aufgerichtet. Nach hinten gedrehte und halb aufgestellte Ohrmuscheln zeigen schlechte Stimmung an: Die Katze ist gereizt und kann aggressiv reagieren, wenn diese Warnung nicht ernst genommen wird. Meist hat sie vorab schon den Kopf abweisend zur Seite gedreht. Flach nach hinten geklappte Ohrmuscheln offenbaren fast immer einen Zwiespalt: Die Katze ist unschlüssig, ob sie klein beigeben oder sich wehren soll. Dieser Stimmungsmix kommt häufiger vor als reine Aggressivität oder völliges Segelstreichen. Unabhängig davon richten sich die Ohrmuscheln bei fremden oder aufregenden Tönen, wie trippelnden Nagerfüßen oder der raschelnden Fertigfutterpackung, blitzschnell auf die Schallquelle aus.

Schnurrbart Normalerweise sind die Schnurrhaare leicht seitlich und nach hinten gestellt. Die ängstliche Katze klappt sie so weit zurück, bis sie am Kopf anliegen. Der nach vorn gerichtete und gespreizte Schnurrbart signalisiert Aufmerksamkeit und Neugier. In dieser Position liefert er beim Begrüßungsritual (→ Seite 51) wichtige Informationen.

Mund und Zähne Der Mund ist halb geöffnet, sie zieht die Nase kraus und zeigt mit hochgezogenen Lefzen ihre Zähne. Begleitet wird der Gesichtsausdruck von fauchenden und knurrenden Warn- und Abwehrlauten. Mit dieser unverwechselbaren Drohgebärde versucht die Katze ihren Gegner einzuschüchtern, um einen Kampf zu vermeiden. Das klappt oft, aber nicht immer, weil Katzen instinktiv erkennen, ob auf der anderen Seite Angst mit im Spiel ist.

Fütterungszeit überschritten? Dann macht der Stubentiger seinem Besitzer mit klagend-forderndem Miauen klar, was er davon hält.

12 SPRACHBILDER, DIE SIE KENNEN SOLLTEN

Jungkatzen überschätzen oft ihre Kräfte. Leichte Panik kommt schon auf, wenn es plötzlich nicht mehr vor und zurück geht.

Körperhaltung, Gesten, Mimik und Lautsignale sind die Puzzleteile der Sprachbilder, mit denen Katzen sich untereinander, mit anderen Tieren und dem Menschen verständigen.

1. Friedfertig und freundlich: Körperhaltung normal, offener Blick, entspannter Gesichtsausdruck, glattes Fell und unbewegter, bei einer Begrüßung aufgerichteter Schwanz.
2. Völlig hin und weg: Große Augen, unverwandter Blick in Richtung des Objekts oder Geräuschs der Begierde, aufgestellte Ohren, angespannte Körperhaltung. Für andere Dinge hat die Katze jetzt weder Auge noch Ohr.
3. Bittend und bettelnd: Läuft dem Menschen ständig vor die Füße, reibt Kopf und Flanken an seinen Beinen, sucht Blickkontakt mit ihm und miaut klagend-fordernd. Verhalten ähnelt dem der Kätzchen, die bei der Mutter betteln.
4. Katzenbuckel: Verharrt mit hochgewölbtem Rücken auf steifen, eng stehenden Beinen, die Ohren liegen an, Rücken- und Schwanzhaare sind gesträubt, die Körperbreitseite zeigt zum Gegner. Angst und Drohen halten sich bei diesem Imponierverhalten meist die Waage.
5. Ängstlich und unterwürfig: Nach hinten gedrehte Ohren, gesenkter Kopf und starrer, abgewendeter Blick mit großen Pupillen. Die Katze macht sich klein, knickt die Hinterbeine ein und bewegt sich nur im Zeitlupentempo.
6. Gereizt und angriffsbereit: Aufgerichteter Körper auf gestreckten Beinen, Kopf leicht zur Seite gedreht, Ohren zeigen nach hinten, sind aber nicht angelegt. Der Gegner wird angestarrt (→ Seite 28). Die Pupille der selbstsicheren und drohenden Katze ist leicht verengt.
7. Zeigt ihre Zuneigung: Gibt Köpfchen, reibt Wangen und Flanken am Partner und legt den Schwanz an oder über ihn. Weitere Gunstbeweise: Anstupsen mit Pfote, Lecken der Hand des Menschen oder des Fells anderer Katzen.
8. Zum Spielen animieren: Hoppelt auf steifen Beinen mit seitlich versetztem Körper und erhobenem Schwanz vor dem Menschen her (→ Abb. Seite 118–119). blickt mehrmals zurück, um sicherzugehen, dass er ihr folgt.
9. Will endlich ihre Ruhe haben: Kopf zur Seite gedreht, Ohren angelegt, Augen fast geschlossen. Stößt sich mit der Pfote vom Körper des Menschen ab, wenn er ihrem Wunsch nach Alleinsein nicht nachkommt.
10. Beleidigte Leberwurst: Wendet dem Menschen, der ihr (vermeintlich) unrecht getan oder sie nicht beachtet hat, absichtlich den Rücken zu und bleibt so für längere Zeit unbeweglich sitzen.
11. Den Freier kirre machen: Kokettierflucht: Noch nicht liebesbereite Kätzin läuft vor dem Kater weg, lässt ihn herankommen und läuft erneut weg. Wiederholt sich mehrfach.
12. Teilnahmslos: Zeigt die Katze kein Interesse an dem, was um sie herum passiert, ist das oft ein Anzeichen für Stress oder Krankheit.

STRASSENKATZEN UND BRUDERSCHAFTEN

Auch wenn ihre soziale Ader sehr viel ausgeprägter ist, als man es früher annahm, gibt es bei Katzen keine Gesellschaftsstrukturen mit Rudelgehorsam und fester Rangordnung. Unter bestimmten Bedingungen schließen sich streunende oder halbwilde Katzen zu losen Lebensgemeinschaften und Zweckbündnissen zusammen. Das gilt für die Straßenkatzen unserer Großstädte ebenso wie für die geheimnisumwitterten Bruderschaften der Kater.

Streetworker und City Slickers

Es ist noch nicht so lange her, dass wir die Straßengangs halbwild lebender Katzen nur vom Urlaub in südlichen Ländern oder auf den Mittelmeerinseln kannten. Vor allem in den Fischereihäfen, wo sich immer Fischabfall ergattern lässt, sind die Streetworker ein vertrautes Bild. Die Pulks haben keine erkennbare Struktur und keine stabile Gruppengröße, immer wieder kommen neue Katzen dazu, andere wandern ab. Manchmal schließt man sich einem Anführer an, aber das auch nur für begrenzte Zeit oder für bestimmte Aktionen. Das Leben ist hart für diese Katzen, die Suche nach Essbarem nicht minder. Ab und zu erbarmen sich Katzenfreunde und versorgen die Tiere mit Futter, aber das ist letztlich nur ein Tropfen auf dem heißen Stein. Viele Straßenkatzen sind abgemagert und krank, die Augen sind verklebt, ihr Fell ist struppig, die Haut voller Ekzeme.

Verwilderte Katzen sind längst kein Problem ferner Urlaubsländer mehr: Mehr als zwei Millionen herrenlose Streuner gibt es mittlerweile in Deutschland, in Köln schätzungsweise 40 000, in Hamburg 20 000 und in Berlin fast 100 000. Die Zahlen steigen weiter, da sich die Tiere unkontrolliert vermehren und auch mit nicht kastrierten Freigängern paaren. Nur die Kastrationspflicht für Katzen mit Auslauf könnte das Problem mildern. Die gibt es jedoch bundesweit – anders als in Österreich und der Schweiz – nach wie vor nicht. Es liegt in der Verantwortung der Kommunen, für Abhilfe zu sorgen. Eine Reihe deutscher Städte und Gemeinden hat das Paderborner Modell übernommen. Es verpflichtet jeden Halter, seine Katze kastrieren und mit einem Mikrochip kennzeichnen zu lassen, bevor er ihr Freigang gewährt.

Der Klub der Kater

Laufen sich erwachsene Kater zum ersten Mal über den Weg, spielt jeder den dicken Max und versucht, den anderen zu beeindrucken. Lässt sich die Frage nach dem Platzhirsch so nicht klären, gerät man sich meist heftig in die Wolle. Der Katerkampf schafft in der Regel klare Verhältnisse – auch für die Zukunft. Anders als Kätzinnen, die es untereinander selten bei einer Tätlichkeit belassen, sondern sich immer wieder zoffen, beschränken sich die Herren bei künftigen Begegnungen aufs

INFO

Halbseiten-Mimik

Katzen kommunizieren mit vielen mimischen Ausdrucksformen. Bei der Halbseiten-Mimik signalisiert die Katze dem Adressaten nur mit der ihm zugewandten Gesichts- und Körperhälfte, in welcher Stimmung sie ist und was sie beabsichtigt.

In den Ländern rund ums Mittelmeer und auf den Mittelmeerinseln trifft man vor allem in den Fischereihäfen auf Gruppen halbwild lebender Katzen, die gemeinsam auf Futtersuche gehen.

Imponieren oder Ignorieren. Unter den Katern eines Viertels entsteht so mit der Zeit eine latente, nach außen hin kaum sichtbare Rangordnung, wo jeder weiß, wie er mit seinen Kollegen umgehen muss, ohne sich in unnütze und gefährliche Kämpfe einzulassen. In diesem Klub, der »Bruderschaft der Kater«, hält man die Etikette ein und nutzt alle kätzischen Verständigungsmöglichkeiten für einen zum Teil distanzierten, aber meist höflichen Umgang miteinander. Die friedliche Koexistenz gerät vorübergehend nur in Gefahr, wenn sich eine neue vorwitzige Katernase im Klubrevier blicken lässt. Der Neuzugang muss seinen Platz erst einmal finden, was nicht ganz ohne Reibereien und Handgreiflichkeiten abgeht.

Das Treffen der Nachtschwärmer

In sterilen Neubausiedlungen findet man sie kaum, aber in Dörfern, die sich ihre ursprüngliche Struktur bewahrt haben, gibt es sie noch, die vergessenen Scheunen mit halb verfallenen Dächern, die stillen Hinterhöfe und andere verschwiegene Örtlichkeiten. Hier treffen sich in manchen Nächten die Nachtschwärmer zum Stelldichein: junge Katzen, alte Katzen, Kätzinnen, Kater, Streuner und Wohnungskatzen mit der Lizenz zum nächtlichen Ausgang. Sie sitzen eine Weile friedlich beieinander, bis der Spuk irgendwann vorüber ist und alle wie auf ein geheimes Zeichen in der Dunkelheit verschwinden und jede Katze ihrer Wege geht.

Auf den Mund gefallen sind Katzen garantiert nicht

Katzen können große Töne spucken. Das passiert aber selten, oft nur, wenn sich liebestolle Freier wegen einer Dame in die Haare geraten oder der penetrante Nachbarskater frechdreist im Revier auftaucht. Ansonsten kommuniziert man eher leise und hebt die Stimme höchstens, wenn der Ansprechpartner nicht wie erwünscht reagiert. Im Dialog mit dem Menschen verlässt sich die Katze auch auf Lautsignale aus ihrer Babysprache.

Wer sich mit Lautsignalen verständigt, muss gut hören können. Katzen bringen beste Voraussetzungen mit: Sie hören viel besser als wir und auch als der Hund, nehmen selbst hochfrequente Töne im Ultraschallbereich wahr und sind dank ihrer unabhängig voneinander beweglichen Ohrmuscheln in der Lage, Geräuschquellen fast aufs Grad genau zu lokalisieren (→ Katzenohren schlafen nie, Seite 14). Auf Schlüsselreize, wie das Rascheln einer Maus, reagiert die Katze innerhalb von Sekundenbruchteilen – selbst während ihrer Siesta.

EIN VOKABULAR MIT VIELEN ZWISCHENTÖNEN

Im Vergleich zur optischen und chemischen Kommunikation punktet die Lautsprache der Katze mehrfach, hat aber auch Schwachstellen.

Hohe Informationsdichte Gewichtigster Vorteil ist die Vielfalt und Komplexität der Information, die akustisch übermittelt werden kann. Verantwortlich dafür ist das außergewöhnlich umfangreiche Lautrepertoire, über das Katzen verfügen. Die Zahl der Basistöne ist überschaubar, doch die Katze wandelt diese Töne je nach Situation und Gesprächspartner in Tonhöhe, Tonfolge, Intensität und Lautstärke vielfach ab, fügt Zwischentöne ein und wiederholt oder dehnt einzelne Laute, um ihre Wirkung zu verstärken. Optische Signale unterstreichen die mündliche Mitteilung und stellen sicher, dass die Botschaft beim Adressaten richtig ankommt und verstanden wird.

Auf kurze Distanz Die meisten Lautsignale der Katze dienen der Verständigung im Nahbereich – mit Ausnahme der durchdringenden Rufe läufiger Katzendamen nach dem Kater. Die eher einzelgängerisch lebende Katze braucht keine Stimmfühlungslaute, die noch auf große Distanz zu hören sind, wie das etwa beim Heulen des Hundes der Fall ist.

Momentsache Anders als Geruchs- und Sichtmarken haben Lautsignale nur für den Augen-

Mit ihrer Babysprache verschafft sich die Katze bei ihrem Besitzer am besten Gehör. Das hat ja früher bei der eigenen Mutter auch gut geklappt.

blick Bedeutung. Einzig beim Schnurren gibt es kein zeitliches Limit: Ohne sich anstrengen zu müssen, halten Katzen den sonderbaren Dauerton bei Bedarf über viele Stunden bei. Wissenschaftler haben berechnet, dass eine Katze während ihres Lebens durchschnittlich insgesamt 15 Monate schnurrt.

Redefreudige Hauskatze Die wild lebenden Katzen setzen Lautsignale sparsam ein, da jedes Wort zu viel, Feinden und Beutetieren ihren Standort verraten kann. Hauskatzen haben da weniger Bedenken und entwickeln vor allem dem Menschen gegenüber eine verblüffende Gesprächigkeit. Unter den Rassekatzen zählen die Orientalen – allen voran Siamkatzen – zu den Top-Plappermäulern.

DIE HÄUFIGSTEN LAUTSIGNALE DER KATZE

Obwohl das Grundvokabular überschaubar ist, verfügen Katzen über einen größeren »Wortschatz« als alle anderen Tiere, da sie in der Lage sind, ihre Lautäußerungen nach Bedarf zu modulieren und so annähernd hundert verschiedene Geräusche zu erzeugen – das ist etwa zehnmal so viel wie beim Hund.

Darüber hinaus gibt es Dialektfärbungen und signifikante individuelle wie rassebedingte Unterschiede in Sprechweise und »Wortwahl«. Manche Stubentiger setzen im Gespräch mit ihrem Halter auch eigene Wortschöpfungen ein, nachdem sie – anfangs eher zufällig – die Erfahrung gemacht haben, dass sie mit diesen Lautsignalen die beste Wirkung erzielen.

Je nach Situation und Erregungszustand der Katze kann ein Lautsignal in der Dauer, Lautstärke und Tonhöhe variieren, als Einzellaut abgegeben oder mehrfach wiederholt werden. Häufig wechseln sich auch verschiedene Lautsignale ab (z. B. Fauchen und Spucken). Jede Lautäußerung wird von einer bestimmten Körpersprache (Gesten und Mimik) begleitet.

Miauen ist Kindersprache

Miauen oder Maunzen ist vor allem ein Klagelaut, der Missbehagen, Missmut, Ungeduld und – falls die erwünschte Reaktion von Seiten des Menschen ausbleibt – auch Verärgerung ausdrückt. Ab der 6. Lebenswoche rufen die Katzenkinder mit diesem Lautsignal nach der Mutter oder legen mit schrill quietschendem Miauen vehement Einspruch ein, wenn es die Wurfgeschwister im Kampfspiel zu bunt treiben. Miauen ersetzt das Fiepen, mit dem in Not geratene Kätzchen in den ersten Lebenswochen um Hilfe rufen (→ rechte Seite).

Die Katze sieht im Menschen die »Obermutter« und behält in der Beziehung zeitlebens den Status des Kleinkindes bei, das versorgt und verhätschelt werden will. Ebenso folgerichtig wie erfolgreich setzt sie uns gegenüber daher auch das Miauen ihrer Kindersprache ein, wenn sie Hunger hat, Aufmerksamkeit und Zuwendung verlangt oder sich über »unzumutbare Verhältnisse« beschwert. Dabei bringt sie es zu wahrer Meisterschaft, wenn es darum geht, das Lautsignal in passender Tonlage und Intensität zu produzieren, um ihren Besitzer von der Dringlichkeit der Forderung zu überzeugen. Ein zuerst nur sehr dezentes Erinnerungsmiauen kann zum aufdringlich lauten und ständig wiederholten Klagen mutieren, sollte der Halter dem Wunsch seines Stubentigers nicht nachkommen.

Katzen sind liebenswerte Geschöpfe und erheben nur dann die Stimme, wenn sie sich vernachlässigt oder falsch behandelt fühlen. Maunzen kann auch sehr freundlich gemeint sein, wenn es als kurzes, helles »Mau« oder »Mau Mau« intoniert wird und die Katze einen befreundeten Menschen begrüßt.

Bei wild lebenden Katzen gehört Miauen ausschließlich zur Kindersprache. Erwachsene Tiere verständigen sich untereinander mit anderen Lautsignalen.

Unsicherheit ist auf beiden Seiten im Spiel, wenn man sich zum ersten Mal gegenübersteht. Doch Katze und Hund überwinden die anfänglichen Kommunikationshürden meist schnell.

Fiepen rettet hilflose Babys

Der Körper ist schwach, die Beinchen sind so dünn, dass sie die Winzlinge nicht tragen. Neugeborene Katzen sind hilflose Wesen, die ganz auf die Fürsorge ihrer Mutter angewiesen sind. Zum Glück hat die Natur eine Sicherung eingebaut, um für Hilfe zu sorgen: Die Kätzchen stoßen mit offenem Mund hohe, dünne Töne aus, wenn sie frieren, Hunger haben oder sich verlassen fühlen. Obwohl der fiepende Notruf ziemlich leise ausfällt, überhört ihn die Mutter nie und ist sofort zur Stelle, um nach dem Rechten zu sehen und zum Beispiel ein Baby ins Nest zurückzuholen. Nach der zweiten Woche verliert sich das Fiepen langsam und wird als Ruflaut bald durch Miauen ersetzt.

Der seltsame Schnurrlaut und die Suche nach der Wahrheit

Obwohl sich die Wissenschaftler schon seit Jahrhunderten um Aufklärung bemühen, umgibt das Schnurren der Katze auch heute noch etwas Geheimnisvolles. Bei einem seltenen Wildtier wäre es durchaus nachvollziehbar, wenn Fragestellungen unbeantwortet bleiben. Aber bei einem Haustier, mit dem wir seit fast 10 000 Jahren zusammenleben? Lange Zeit schrieb man der Katze einen »Schnurrapparat« zu, der den seltsamen Dauerton hervorbringen sollte. Gefunden hat man ihn nicht.

- Schnurren ist die erste Lautgebung, zu der eine Katze fähig ist. Neugeborene schnurren bereits kurz nach der Geburt, wenn sie zum

Schon blöd, wenn man wieder ins Haus will und ohne Ende miaut, aber keiner es hört, weil die Fenster geschlossen sind.

ersten Mal gesäugt werden. Dazu müssen sie weder den Mund öffnen noch beim Trinken Pause machen. Das schnurrende Feedback sagt der Katzenmama, dass ihr Nachwuchs ausreichend mit Milch versorgt ist. Sie antwortet auf der gleichen Wellenlänge und beruhigt so die Jungen und sich selbst.

- Schnurren begleitet die Katze ein Leben lang, und sie schnurrt viele Stunden in ihrem Leben. Die schnurrende Katze erzeugt ein gleichmäßiges Geräusch im niedrigen Frequenzbereich zwischen 25 und 44 Hz. Schnurren kann man hören, aber auch spüren, wenn man eine Katze berührt, da es ihren Körper in leichte Vibrationen versetzt, am deutlichsten im Bereich um den Kehlkopf.
- Alle Kleinkatzen – zu ihnen gehört auch die Hauskatze – können beim Ein- und Ausatmen schnurren, den Ton stundenlang ohne Unterbrechung beibehalten und gleichzeitig sogar noch andere Laute von sich geben. Die Großkatzen Löwe, Leopard, Tiger, Jaguar und Schneeleopard schnurren nur beim Ausatmen, das »Zwei-Wege-Schnurren« der Kleinkatzen beherrschen sie nicht. Dafür können die meisten Großkatzen brüllen, wozu wiederum keine einzige Kleinkatze fähig ist.
- Obwohl es die Bezeichnungen nahelegen, ist nicht die Körpergröße ausschlaggebend für die Zuordnung zu den Klein- und Großkatzen. Ein wichtiges Kriterium ist vielmehr der Bau des Zungenbeins, eines kleinen Knochens, der Zunge und Schädel verbindet. Bei den Kleinkatzen ist es vollständig verknöchert und nicht dehnbar, während bei den Großkatzen ein kleiner Zungenbeinbereich elastisch ist. Kleine Ursache, große Wirkung: Dank des dehnbaren Abschnitts können die Großen – Ausnahme Schneeleopard – wunderschön laut brüllen, während die Kleinen dafür Weltmeister im Dauerschnurren sind.

Wie schnurren Katzen? Die Suche nach den zugrunde liegenden Mechanismen des Schnurrens und den anatomischen Voraussetzungen hat zu verschiedenen Deutungsversuchen und Hypothesen geführt, von denen die meisten nur teilweise befriedigen. Eine überzeugende Darstellung steht nach wie vor aus. Diskutiert werden folgende Erklärungsansätze:

- Zungenbein: Danach wird der Schnurrlaut durch die Atemluft erzeugt, die am Zungenbein vorbeiströmt und sich an ihm reibt.
- Kehlkopfmuskeln: Schnell aufeinanderfolgende Bewegungen der Kehlkopfmuskeln haben zur Folge, dass sich die Stimmritze rhythmisch dehnt bzw. verengt und die Atemluft in Schwingungen versetzt.
- Blutturbulenzen: Muskelkontraktionen im Brustraum pressen den Blutstrom in der zum Herzen führenden Hohlvene zusammen und versetzen ihn auf diese Weise in Schwingungen. Zwerchfell und Bronchien wirken als Resonanzkörper und verstärken das Fließgeräusch des Bluts, das als Schnurren hörbar ist.
- »Falsche« Stimmbänder: Hinter den Stimm-

bändern liegen zwei Hautfalten. Diese auch falsche Stimmbänder genannten Falten werden von der Atemluft in Vibrationen versetzt und erzeugen gemeinsam mit den Kontraktionen der Kehlkopfmuskeln den Schnurrlaut.

Warum schnurren Katzen? Dass Schnurren ein Ausdruck des Wohlbefindens ist, spürt jeder, der eine Katze streichelt oder sie zärtlich anspricht. Doch eine schnurrende Katze drückt damit mehr aus als nur Zufriedenheit:

- Angesichts der Konfrontation mit einem überlegenen Artgenossen vermittelt Schnurren, dass man friedlich gestimmt und harmlos ist und keinen Streit vom Zaun brechen will.
- Umgekehrt schnurren oft auch höherrangige Katzen, um so einer Mitkatze anzuzeigen, dass ihr von ihnen nichts Böses droht.
- Schnurren dient der Selbstberuhigung, wenn die Katze unter großem Stress steht und sich zum Beispiel in einer gefährlichen und unübersichtlichen Situation befindet und nicht weiß, wie sie sich daraus befreien kann.
- Hinfällige und kranke Katzen schnurren, um zu signalisieren, dass sie schwach und harmlos sind und von ihnen keinerlei Gefahr ausgeht.
- Doch in den allermeisten Fällen will uns die schnurrende Katze sagen, dass sie glücklich ist und es ihr gut geht.
- Die durch Schnurren erzeugten Vibrationen regen die Selbstheilungskräfte an (→ Seite 22). Die Katze kuriert sich auf diese Weise aber nicht nur selbst, die sanften Töne haben nachweislich auch eine wohltuende Wirkung auf die Psyche des Menschen.
- Auffällig oft schnurren Katzen während der Einschlafphase. Auch das bestätigt den selbstberuhigenden Effekt des Schnurrlauts.

Schnurr-Lautsprecher Mit über 60 Dezibel hält ein englischer Kater den Rekord in der Rubrik »lautestes Katzenschnurren«: Mit dieser Lautstärke könnte er problemlos auch jedem Staubsauger Konkurrenz machen.

Gurren

Katzen gurren gern und oft. Neben dem nur für menschliche Ohren adressierten Maunzen ist Gurren das häufigste Lautsignal der Katze. Da der wohlklingende Ton, der an das Gurren der Tauben erinnert, mit geschlossenem Mund produziert wird, bleibt er relativ leise und wird vornehmlich im direkten Kontakt mit anderen Katzen oder dem vertrauten Menschen eingesetzt. Gurren ist ein Wohlfühl- und Freundschaftssignal, dessen Wirkung von der Katze meist noch durch Gesten wie Flankenreiben oder Köpfchengeben unterstrichen wird. In der Kommunikation mit Artgenossen hat Gurren auch einen bezirzenden und anlockenden Charakter: Die rollige Kätzin verführt gurrend den Freier ihrer Wahl zum Nachfolgen. Die Katzenmutter ruft mit gedämpftem Gurren nach ihren Jungen, die auf eigene Faust die Welt außerhalb der Wurfkiste erkunden.

Quiz-Box

Testen Sie Ihr Katzenwissen

SCHNURREN

	Ja	Nein
1. Schnurrt eine Katze nur dann, wenn sie sich wohlfühlt?	☐	☐
2. Können Katzen fressen und trinken, ohne dabei mit dem Schnurren aufzuhören?	☐	☐
3. Muss eine Katze ihr Schnurren unterbrechen, um Luft holen zu können?	☐	☐

Auflösung und Info auf Seite 122

Keine Frage, auf innige Freundschaft darf hier so bald niemand hoffen. Die beiden Herren sagen sich laut und deutlich die Meinung, aber richtig wohl fühlt sich bei dieser Konfrontation keiner.

Schnattern

Der Vogel ist nur wenige Meter entfernt auf einem Ast gelandet und doch vor der hinter dem geschlossenen Fenster sitzenden Katze sicher. In solchen und ähnlichen Situationen, in denen die Jägerin eine Beute nicht erreicht, kann man bei ihr häufig eine typische Mundbewegung beobachten: Bei leicht geöffnetem Mund zieht die Katze die Mundwinkel weit nach hinten und bewegt den Unterkiefer in schneller Folge auf und ab. Das kann lautlos erfolgen, oft vernimmt man aber ein leises Schnattern oder Meckern. Die Funktion von Kieferzittern und Schnattern ist nicht geklärt. Aus unserer Sicht unterschiebt man der verhinderten Jägerin gern frustriertes Verhalten angesichts der nahen und doch fernen Beute. Schnattern könnte aber auch ein Drohlaut oder Ausdruck von Ärger über die verfahrene Situation sein. Da die Katze gehindert wird, ihr übliches Beuteverhalten abzuspulen, ordnet man Schnattern dem Übersprungverhalten zu.

Übersprungverhalten In gefährlichen oder unüberschaubaren Situationen, in denen die Katze nicht weiß, was sie tun soll, zeigt sie oft eine Übersprungreaktion, etwa hektisches Belecken des Fells. Das Verhalten passt nicht zur aktuellen Situation, lässt ihr aber Zeit, um den Konflikt möglichst ohne Gesichtsverlust und Schaden zu bewältigen.

Murren

Murren und Gurren (→ Seite 39) sind von Lautklang und Bedeutung eng verwandt. Murren klingt heller als der tiefere und wärmere Gurrlaut. Gemeinsam ist beiden aber die freundliche Grundstimmung, die so gegenüber Artgenossen und Menschen ausgedrückt wird.

Jammern

Jammern gehört schon bei jungen Katzen zum Lautarchiv. Und ist bei ihren Kampfspielen auch unverzichtbar, wenn die wilden Wurfgeschwister im Eifer des Gefechts vergessen, dass spitze Milchzähnchen wehtun. Jammern ähnelt einem klagenden Miauen, wirkt aber intensiver und leidvoller.

Fauchen

Die fauchende Katze stößt die Atemluft mit hochgezogener Oberlippe und gewölbter Zunge so stark und ruckartig aus, dass ihr Gegenüber den Luftstoß oft im Gesicht spürt. Der Droh- und Abwehrlaut zeigt selbst bei einem überlegenen Gegner Wirkung, zumindest hält er erst einmal inne. Auch Kätzchen können schon fauchen. Vom Zischlaut ist noch nicht viel zu hören, die Mimik haben sie aber bereits voll verinnerlicht.

Knurren

Es mutet witzig an, wenn ein Winzling von wenigen Wochen böse wie eine erwachsene Katze knurrt, um den vermeintlichen Gegner abzuschrecken oder das Lieblingsspielzeug zu verteidigen. Speziell bei den Jüngsten ist dabei häufig Angst im Spiel. Dann soll der Warnlaut den Kontrahenten in erster Linie auf Distanz halten, während man selbst die Chance zum geordneten Rückzug nutzt.

Spucken

Mit dem Spucken in unserem Sinn hat das Spucken der Katze nichts zu tun. Bei ihr ist es vielmehr ein Warn- und Drohsignal, das den Gegner beeindrucken und von Tätlichkeiten abhalten soll. Beim Spucken stößt die Katze die Atemluft explosionsartig durch Mund und Nase aus. Da der Laut plötzlich abgegeben wird, ist sein Abschreckungspotenzial gewaltig. Und darin liegt auch die Hauptwirkung.

Mit dem Fang des Tages auf dem Weg nach Hause. Viele Katzen legen ihrem Halter eine Maus als Morgengabe vor die Füße.

Keine Sorge, bei den Youngstern ist alles noch ein Spiel. Anders als im Ernstfall wird dabei auch nicht gefaucht oder gespuckt.

Mehr als heiße Luft steckt nämlich nicht hinter der Drohgebärde. Die Katze ist eher verunsichert und verängstigt und alles andere als kampfbereit. Bei passender Gelegenheit würde sie am liebsten verschwinden. Um die Aktion noch ein bisschen dramatischer aussehen zu lassen, schlägt sie oft gleichzeitig ihre Vorderpfoten mit ausgefahrenen Krallen auf den Boden und täuscht so einen unmittelbar zu erwartenden Angriff vor. Nicht selten kommt sie mit dieser Show durch, bei einem selbstbewussten Gegner allerdings nicht immer.

Jaulen

Als »Gesangskünste« kann man die oft nächtlichen Vokaldarbietungen von Katern auf Brautschau wohl kaum bezeichnen. Zumindest in menschlichen Ohren klingt ihr Jaulen und Heulen eher schmerzhaft als melodiös. Die Freier wollen damit allerdings auch nicht die Dame ihres Herzens betören, sondern der männlichen Kokurrenz das Fürchten lehren. In der Regel bleibt es nicht bei den lärmenden Konzerten, und die liebestollen Herren geraten sich schnell und herzhaft in die Wolle.
Beim Gesang können die Damen aber durchaus mithalten, jedenfalls die paarungsbereiten. Deren durchdringende Rufe nach potenziellen Sexualpartnern mögen zwar die Freier der ganzen Umgebung anlocken, vergraulen aber jeden anderen, der Ohren zum Hören hat.

Kreischen

Katzen kreischen, wenn sie extrem erregt sind. Ursache für die durchdringenden, an- und abschwellenden und oft lang anhaltenden Töne kann Zoff mit dem Erzfeind aus dem Nachbarrevier sein, aber auch Panik angesichts eines übermächtigen Gegners und einer ausweglosen Situation. Wenn sich konkurrierende Freier zur Paarungszeit am Wohnsitz der läufigen Kätzin versammeln, werden ihre Feindseligkeiten von Kreischen und Jaulen begleitet.

Mamas Mäuse- und Rattenrufe

Mit einem Beuteruf teilt die heimkehrende Katze ihren Jungen, aber auch dem Menschen mit, dass sie Erfolg bei der Jagd hatte. Je nach Größe und Gefährlichkeit eines Beutetieres kann sie dabei Art und Lautstärke des Lockrufs variieren. Ihrem noch unselbstständigen Nachwuchs macht sie so von Anfang an den Unterschied zwischen harmlosen Mäuschen und gefährlichen Ratten klar.

Katzenlaute in der Forschung
Prof. Paul Leyhausen unterscheidet stimmlose und stimmhafte Laute. Stimmlos sind Schnurren, Spucken, Fauchen und Knurren. Sie dienen in erster Linie der Verständigung von Katze zu Katze. Stimmhafte Laute setzt die Katze oft auch im »Gespräch« mit dem Menschen ein. Dazu zählen Miauen, Gurren und Kreischen.
Bei einem stimmhaften Laut kann man die Vibrationen des Kehlkopfs spüren, wenn man ihn beim Sprechen mit der Hand berührt. Beim Artikulieren stimmloser Laute sind die Stimmlippen nicht beteiligt.

Dr. Michael W. Fox ordnet 16 verschiedene, von der Katze regelmäßig verwendete Lautmuster drei Hauptgruppen zu:
Plauderlaute drücken die freundliche und entspannte Stimmung der Katze aus.
Ruftöne teilen dem Menschen mit, dass seine Katze Hunger oder Durst hat, ins Freie gelassen werden oder schmusen will. Typisch sind dabei Miau- und Mau-Laute in verschiedenen Variationen und Modulationen.
Erregungslaute hört man von der rolligen Katze, Kreischen begleitet die Paarung, Knurren und Fauchen signalisieren, dass die Katze aggressiv oder ängstlich ist.

Was will meine Katze von mir?

Die Katze ist eine hervorragende Beobachterin und registriert selbst kleinste Gesten und kaum wahrnehmbare Reaktionen ihres Menschen. Sie weiß daher sehr genau, wie sie die Körper- und Lautsprache einsetzen muss, um ihren Wünschen Gehör zu verschaffen.

Körpersprache	Lautsprache	Wunschzettel
Streicht immer wieder eng um die Beine des Menschen	Je nach Dringlichkeit verhaltenes oder energisches Maunzen	Füttern, Zuspruch, Spielen, Schmusen
Rollt sich auf Seite oder Rücken, Blickkontakt zum Menschen	Viele schnurren erwartungsvoll, andere Katzen bleiben still	Bauchkraulen und Streicheln
Stupst Bein oder Arm des Menschen mit Kopf oder Pfote an	Kurzes, aufforderndes Miauen oft erst, wenn Halter nicht reagiert	Aufmerksamkeit und Zuwendung
Wendet dem Halter den Rücken zu und reagiert nicht auf Zuruf	ohne	Schmollt, braucht später viel Zuspruch
Hoppelt auf steifen Beinen und mit gerecktem Schwanz vorweg	ohne	Animiert zum Nachlaufen und Spielen
Stemmt sich vom Körper des Halters ab, Schwanz zuckt	Faucht bei Nichtbeachtung anfangs dezent, später heftiger	Will nicht festgehalten werden

Die Revierzeitung, der Geschmack des Futters und der Duft der Liebe

Dem Stupsnäschen der Katze traut man auf den ersten Blick keine Wunderdinge zu. Und doch spielen Gerüche im Katzenleben eine wichtige Rolle, speziell beim Revier- und Sexualverhalten. Und beim Geschmackstest und der Futterakzeptanz erhält auch die Zunge Beistand von der Nase. Mit dem hypersensiblen Riechorgan eines Hundes kann die Katzennase zwar nicht konkurrieren, unserer ist sie aber weit überlegen.

Das niedliche Katzennäschen täuscht, denn im Naseninnern verbirgt sich ein bis 40 cm^2 großes Riechfeld – doppelt so viel wie bei uns. Im Heim 1. Ordnung, im Revier und bei allen Sozialkontakten verlässt sich die Katze weit mehr auf Duftwahrnehmungen, als wir es mit unserer vergleichsweise unterentwickelten Geruchsarmatur nachvollziehen können.
Den kätzischen Geschmackssinn hat Mutter Natur hingegen ein bisschen vernachlässigt. Die Geschmacksknospen auf der Katzenzunge unterscheiden sauer, salzig und bitter. Darüber hinaus aber auch umami (→ Seite 17), was es der Fleischfresserin möglich macht, die wichtigen tierischen Aminosäuren im Fleisch zu erkennen. Süßes hingegen können Katzen nicht schmecken. Bei der Entscheidung, ob die Nahrung akzeptabel und genießbar ist, verlässt sich die Katze immer auch auf den Geruch.

Riechtest: Unzählige Duftmarken informieren die Katze darüber, was in ihrem Revier passiert und welche Artgenossen hier auf Tour waren.

SO RIECHT FAMILIE UND FREUNDSCHAFT

Wenn die Katze eine Beute im Visier hat, ist sie ganz Auge und Ohr. Sehen und Hören sind ihre besten Sinnesleistungen und die Garanten einer erfolgreichen Jagd. Der Geruchssinn hat Pause bei der Pirsch. Ansonsten aber mischen Nase und Duftbotschaften fast überall mit: bei der täglichen Inspektion von Wohnung und Revier, bei Begegnungen mit befreundeten und fremden Katzen, im Sexualleben und natürlich im Zusammenleben mit dem Menschen.
Bei neugeborenen Katzen funktioniert außer dem Tastsinn nur ihr Geruchssinn, die anderen Sinne brauchen noch Zeit zur Reifung.

Mit Kopf und ganzem Körper

Freundschaftsgeste Die Katze markiert befreundete Artgenossen und andere Tiere, die sie gut kennt, sowie die Menschen ihres Vertrauens mit Sekreten aus den Schweiß- und Talgdrüsen und kennzeichnet sie so als ihren persönlichen Besitz.

Im Wohnbereich markiert die Katze das Mobiliar durch Flankenreiben und Köpfchengeben mit ihren Duftstoffen.

Personalausweis Katzen erkennen sich am Körpergeruch. Dabei geben vor allem Pheromone, gewissermaßen die Botenstoffe der Kommunikation, zuverlässig Auskunft über Persönlichkeitsstatus, Gesundheitszustand und eine eventuelle Paarungsbereitschaft.
Bei der Begrüßung befreundeter oder fremder Artgenossen spielt die Kontrolle des »Analgesichts«, der Duftdrüsen an Schwanzwurzel und After, eine zentrale Rolle (→ Seite 51 und Abb. Seite 50–51).

Heimatduft Sowohl Kater wie Kätzinnen hinterlassen an bestimmten Wegpunkten und markanten Stellen im Revier sowie an seinen Grenzen Duftstoffe, die von den Schweiß- und Talgdrüsen produziert und durch Reiben des Körpers und durch Krallenwetzen übertragen werden. Bei Kotabgabe und Harnspritzen (→ Kot- und Harnmarken, Seite 49) setzt die Katze ebenfalls Geruchsstoffe ab, die ihren Artgenossen gleichsam einen Persönlichkeits-Scan der Revierbesitzerin ermöglichen. Duftmarken im Freiland altern relativ schnell, sodass die Katze gut unterscheiden kann, wer hier wann seine Visitenkarte hinterlassen hat. Auch ihren zentralen Lebensbereich, das Revier 1. Ordnung, markiert die Katze mit Sekreten aus den Duftdrüsen, anders als im Freien normalerweise aber nicht mit Kot oder Harn. Erst der überall in der Wohnung hinterlassene Eigenduft gibt der Katze das Gefühl von Heimat und Geborgenheit.

Duftdrüsen-Topografie Markieren ist für die Katze ein Dauerjob, da sie die Duftmarken in der Wohnung und im Freiland regelmäßig kontrollieren und auffrischen muss. Damit das zufriedenstellend klappt, gibt es Schweiß- und Talgdrüsen an den unterschiedlichsten Stellen des Katzenkörpers. Am Kopf befinden sich Duftdrüsen unter dem Kinn, an Wangen und Unterlippe, weitere sitzen an den Flanken und am Rücken, an der Schwanzwurzel, zwischen den Zehen und im Analbereich, wo die Analdrüsen ein Sekret mit individuellem Geruch absondern. Kater haben am After zusätzlich eine Art Tasche mit Duftdrüsen.

- Die Geruchsstoffe der Duftdrüsen können wir nicht wahrnehmen, wohl aber das Analdrüsensekret und den übel riechenden Duftstoff, den ein Kater mit dem Harn verspritzt.

Geruchsanalyse Duftstoffe nimmt die Katze über Chemorezeptoren auf, die sich in ihrer Nase, an der Zunge und im Jacobsonschen Organ befinden. Das zwischen Rachen- und Nasenhöhle sitzende Jacobsonsche Organ (→ Unwiderstehliche Düfte, Seite 50) liefert detaillierte Informationen über Art, Zusammensetzung und Herkunft eines Geruchs.

Duftsignale im Wildleben In der Partnerschaft mit dem Menschen verlässt sich die Hauskatze weit mehr auf die Lautsprache, als sie von der wild lebenden Verwandtschaft eingesetzt wird. Wilde Katzen verständigen sich untereinander, aber auch beim Markieren ihrer Reviere überwiegend mit Duftstoffen.

Täglich neu: die Haus- und Revierzeitung

Markieren im Haus Die Katze inspiziert und erneuert ihre Duftmarken am Wohnungsinventar mehrmals täglich quasi im Vorbeigehen. Dabei kennzeichnet sie Möbel und andere Objekte nicht nur als Teil ihres Privatbesitzes, sondern ordnet ihnen auch einen festen Stellplatz in ihrem topografischen Gedächtnis zu. Stimmt die einmal vergebene »Platzkarte« mit dem tatsächlichen Standort des Möbelstücks überein, ist für die Katze alles in Ordnung. Hat ihr Mensch aber sträflicherweise die Möbel verrückt oder einen neuen Einrichtungsgegenstand aufgestellt, muss sein Stubentiger das ganze Arrangement neu katalogisieren.

- In der Wohnung machen Inspektionsdrang und Neugier der Katze auch vor kleinen Objekten nicht halt: Jede neue Einkaufstüte, jeder Korb und Karton und alle Kleidungsstücke, die sie nicht kennt, werden schnuppernd geprüft.
- Flächendeckende Umbauaktionen oder der Umzug in ein neues Zuhause verwirren eine Katze und setzen sie unter Stress. Das gilt auch, wenn die Hausfrau tagtäglich mit Putzlappen und Reinigungsmitteln für klinisch sterile Verhältnisse sorgt und damit die Wohlfühlatmosphäre der Katze nachhaltig zerstört. Es verwundert nicht, wenn es in der Folge zu Protesten oder sogar zu hartnäckigen Verhaltensstörungen bei der Katze kommt.
- Für die Katze ist ihre menschliche Familie ähnlich den befreundeten Artgenossen und anderen tierischen Mitbewohnern Teil des Wohnungsinventars, das sie regelmäßig durch Körperreiben mit ihrem Eigengeruch imprägniert. Dabei wird nicht nur ihre Duftnote übertragen, gleichzeitig nimmt die Katze auch den Individualgeruch der markierten Partner auf, der sich mit ihrem eigenen zu einem Gemeinschafts- oder Gruppenduft vermischt.
- Es kann als gesichert gelten, dass Katzen den individuellen Körpergeruch des Menschen erkennen. Offenbar ist diese Fähigkeit mitverantwortlich dafür, dass sie manche Menschen auf Anhieb in ihr Herz schließen, anderen aber mit Nichtbeachtung oder Ablehnung begegnen, ganz nach dem Leitsatz: Ich kann dich gut – oder eben nicht gut – riechen!
- Katzen putzen sich ihr Fell auffällig oft nach Schmuse- und Streichelsessions mit dem Menschen. Lange Zeit ging man davon aus, dass sie den fremdartigen Menschengeruch als irritierend empfinden und abwaschen wollen,

Kratzbaum oder Kratzbrett gehören in jeden Katzenhaushalt. Fehlen sie, wetzt die Katze ihre Krallen an Möbeln, Tapete und Teppich.

heute wird auch die Meinung vertreten, dass sie den Körpergeruch vertrauter Menschen bewusst im Fell verteilen, um ihn noch stärker mit ihrem eigenen Duft zu vermischen und so die Zusammengehörigkeit zu unterstreichen. Sicherlich spielt auch der »Putzzwang« der Katze dabei mit, die ihr nach dem Streicheln unordentliches Haarkleid glätten und wieder in Form bringen will.

Markieren im Revier Im Gelände platzierte Geruchsmarken dienen in erster Linie den Revierbesitzern selbst als Orientierungspunkte, weniger der Abschreckung fremder Artgenossen. Jede Katze beschnuppert ausgiebig alle Duftmarkierungen, auf die sie während ihrer Inspektionstour trifft, auch solche, die sie selbst abgesetzt hat. Die eigenen werden wie in der Wohnung regelmäßig erneuert, fremde Markierungen bleiben jedoch meist unberührt.

- Durch Reiben mit diesen Körperpartien überträgt die Katze Duftstoffe auf Objekte, Tiere und Menschen: mit der Oberseite des Kopfes beim Köpfchengeben, mit Kinn und Kehle, Wangen und Nasenspitze, mit den Flanken und der Schwanzoberseite (z. B. beim Hindurchschlüpfen unter einer Couch).
- Wälzen auf unterschiedlichen Bodenbelägen und -strukturen zählt zum Komfort- und zum Sexualverhalten der Katze. Dabei hinterlässt sie auf ihrem Wälzplatz ebenfalls Duftstoffe.
- An strategisch wichtigen Stellen des Reviers platziert die Katze Harn- und Kotmarken (→ rechts). In ihrem eigenen Wohnbereich, dem Revier 1. Ordnung, zu dem Schlafplätze und Futterstelle gehören, setzt sie diese Duftsignale nur im Ausnahmefall ein.
- Die Katze wetzt ihre Krallen an senkrechten Objekten und hinterlässt dabei Kratzspuren. Zusätzlich zu den Sichtmarkierungen übertragen die Schweißdrüsen der Pfotensohlen dabei auch Duftstoffe. Die Kratzmarken werden so hoch wie möglich gesetzt, besonders dort, wo bereits eine andere Katze ihre Krallen ins Holz geschlagen hat.
- Krallenwetzen an liegenden Baumstämmen und ähnlichen Objekten dient in erster Linie der Krallenpflege und weniger dem Markieren.

Kätzinnen- und Katerreviere Weibchen haben in der Regel ein kleineres Revier als Kater. Die tatsächliche Größe hängt von den topografischen Verhältnissen ab – Vorstadt oder City, ländliches Wohngebiet oder Ortsrand mit angrenzender offener Fläche, der Begrenzung durch viel befahrene Straßen und Gewässer –, darüber hinaus aber auch von der Populationsdichte frei laufender Artgenossen. Die Fläche eines durchschnittlichen Kätzinnenreviers ist selten größer als ein Quadratkilometer, das Revier des Katers kann drei- bis fünfmal so groß sein. Die Herren patrouillieren regelmäßig auch an den Grenzen der Weibchenreviere und sind vor allem während der Fortpflanzungsperiode ständig auf Achse.

Kätzinnen bewachen ihr Revier stärker als Kater und verteidigen es gegenüber fremden Artgenossen unnachgiebiger. Das gilt ganz besonders, wenn sie Nachwuchs aufziehen.

INFO

Geruchstest bestanden!

An der individuellen Duftnote erkennt eine Katze nicht nur ihre Artgenossen, sondern auch vertraute Menschen. Zumindest in der Phase des Kennenlernens sollten Sie daher auf Parfum und Deo verzichten, um Ihre Katze nicht zu verunsichern.

Kot- und Harnmarken

Analdrüsensekret Katzen besitzen zwei links und rechts neben ihrem After liegende Analdrüsen. Über die Analbeutel geben die Drüsen bei jedem Kotabsetzen ein braunes, intensiv riechendes Sekret ab, das der Hinterlassenschaft der Katze einen individuellen Geruch verleiht und daran schnuppernden Artgenossen aufschlussreiche Informationen liefert. Die Visitenkarte des Katzenkots ist daher bestens als Kommunikationsmittel und zum Reviermarkieren geeignet. Wo Katzen sonst peinlich darauf bedacht sind, ihr Geschäft zu verscharren und zu verbergen, lassen sie Kotstellen, die als Duftmarkierungen dienen sollen, offen liegen. Damit demonstriert man Stärke und Besitzrechte aufs Revier. In der Hierarchie weiter unten stehende Katzen vergraben ihr Geschäft, um möglichen Konfrontationen mit stärkeren Artgenossen von vornherein aus dem Weg zu gehen, während die dominanten Kollegen mit offenen Kotstellen ihre Vormachtposition untermauern. In der Regel wählen sie dafür strategisch günstige, häufig höher gelegene Plätze sowie die Grenzen des Reviers aus.

- Das Analdrüsensekret enthält Pheromone, die unter anderem Paarungsbereitschaft anzeigen. Es fungiert darüber hinaus als Gleitmittel, das für eine leichtere Kotabgabe sorgt.
- Unter Katzen besteht nur eine lose Rangordnung, die oft auch situationsabhängig ist.

Harnspritzen Katzen setzen zum Markieren auch Harn ein. Ein Kater positioniert sich dazu mit dem Hinterteil und heftig zitterndem Schwanz vor einem senkrechten Objekt und sprüht seine Duftbotschaft im feinen Strahl gegen die Wand oder den Baumstamm. Anders als normaler Harn enthält der Spritzharn Duftstoffe, die auch unsere Nase wahrnimmt. Obwohl die Katze stets nur geringe Mengen verspritzt, entwickeln vor allem die Duftanteile bei potenten Katern einen intensiven, für uns unangenehmen Geruch. In ihrem Spritzharn ist der Anteil bestimmter Aminosäuren viel höher als bei Kätzinnen. Auch kastrierte Kater und Kätzinnen verspritzen Harn, praktizieren das aber normalerweise nur selten. Bei anderen Katzen stoßen diese besonderen Geruchsinformationen auf großes Interesse und werden ausgiebig beschnuppert. Und fast immer flehmen (→ Unwiderstehliche Düfte, Seite 50) die schnüffelnden Katzen dabei auch.

Quiz-Box

Testen Sie Ihr Katzenwissen

Duftmarken

	Ja	Nein
1. Setzt die Katze Duftmarken im Revier in erster Linie ab, um fremde Artgenossen zu warnen und zu vertreiben?	☐	☐
2. Sind Köpfchengeben und Flankenreiben ausschließlich Freundschaftsgesten?	☐	☐
3. Lassen Katzen ihr Geschäft draußen zum Teil offen liegen?	☐	☐

Auflösung und Info auf Seite 122

Harnspritzen in der Wohnung Die Katze markiert Wohnungseinrichtung, Mitkatzen, andere befreundete Tiere und den Menschen durch Reiben des Körpers mit Duftstoffen. Eine gestresste oder ängstliche Katze jedoch versucht manchmal, ihr schwaches Ego mit dem stärksten Geruch zu kaschieren, den sie einsetzen kann, und der wird beim Harnspritzen abgegeben. Zu dieser Reaktion kann es auch kommen, wenn eine fremde Katze ihren Duft im Haus hinterlassen hat, die Vertrauensperson der Katze plötzlich fehlt, zum Teil auch, wenn neue Möbel aufgestellt werden. Allein wegen des penetranten Geruchs ist Harnspritzen in der Wohnung nicht hinnehmbar. Therapie: Selbstvertrauen des verunsicherten Tieres stärken und ihm ein Umfeld bieten, in dem es sich wohlfühlt (→ Markieren im Haus, Seite 47).

Unwiderstehliche Düfte

Wenn Katzen bestimmte Gerüche, etwa die Sexualpheromone rolliger Kätzinnen oder die Düfte einiger Pflanzen, wahrnehmen, reagieren sie oft wie im Rausch. Die intensiven Duftkomponenten dieser Geruchsstoffe üben einen unwiderstehlichen Reiz auf sie aus.

Jacobsonsches Organ Zusammen mit der Riechschleimhaut der Nase ist das Jacobsonsche Organ für die Analyse der chemischen Komponenten von Duftstoffen zuständig, die in die Mundhöhle gelangen oder von der Zunge aufgenommen werden. Das Jacobsonsche Organ der Katze liegt im Gaumendach und ist über eine kleine Öffnung direkt mit der Mundhöhle verbunden.

Flehmen Wittert die Katze einen besonderen Geruch, fällt sie – Kopf vorgestreckt, Nase dicht an der Duftquelle – quasi in Trance und verharrt bewegungslos auf der Stelle. Dabei nimmt ihr Gesicht einen unverwechselbaren Ausdruck an: Mund leicht geöffnet, Oberlippe hoch- und Mundwinkel nach hinten gezogen, Zunge etwas herausgestreckt, Nase gerümpft, Ohren und Schnurrhaare angelegt und ein starrer Blick, der ins Leere geht. Was wie eine Grimasse aussieht, ist die typische Rümpfgebärde des Flehmens. Die flehmende Katze inhaliert Duftmoleküle und drückt sie mit der Zunge an das Gaumendach, von wo sie zum Jacobsonschen Organ weitergeleitet werden. Der Vorgang ist gewissermaßen ein Mittelding zwischen Schmecken und Riechen: Die Zunge schmeckt die Geruchsstoffe aus der Luft und führt sie dem Riechorgan zu. Ähnlich wird mit herausgestreckter Zunge häufig auch der Harn anderer Katzen wahrgenommen.

Katzen begrüßen sich Nase an Nase. Das anschließende Beschnuppern des »Analgesichts« (3. Bild) liefert weitere Informationen über den Partner.

- Die Funktion des Flehmens ist noch nicht vollständig geklärt: Eventuell erleichtert und verbessert es das Erkennen und die Analyse der Gerüche im Jacobsonschen Organ, möglicherweise wird es jedoch erst durch dessen Duftwahrnehmung aktiviert.
- Die Fähigkeit zum Flehmen ist nicht auf Katzen beschränkt: Auch Pferde, Elefanten, Kamele und andere Tiere flehmen. Dem Menschen fehlt das Jacobsonsche Organ.
- Im Vergleich zu Großkatzen wie Leopard, Löwe oder Tiger flehmen Hauskatzen selten.
- Eine Katze flehmt oft auch, wenn sie auf neue und interessante Gerüche stößt, die dann ebenfalls analysiert und gespeichert werden.
- Nicht wenige Katzen entwickeln individuelle Geruchsvorlieben und werden zu passionierten Schnüfflerinnen. Die Duftpalette ist breit gefächert: Während die einen sich am Geruch von Zahnpasta flehmend beglücken, werden andere durch Klebstoffdüfte high.

Berauschende Pflanzendüfte Der Geruch der Inhaltsstoffe einiger Pflanzen lässt Katzen in schiere Verzückung geraten. Sie steigern sich in einen rauschähnlichen Zustand hinein, flehmen, reiben Kopf und Flanken, wälzen sich am Boden und geben kehlige Miau-Laute von sich, die denen sexueller Erregung ähneln. Ausgelöst wird der »Drogen-Trip« vor allem durch Baldrian (*Baldrian valeriana*), Katzenminze (*Nepeta cataria*) und Katzengamander (*Teucrium marum*). Die Duftstoffe haben einen drogenähnlichen Effekt auf die Katze, ohne aber Nachwirkungen hervorzurufen. Nicht alle Katzen reagieren gleich auf die Pflanzenstoffe.

Die Etikette der Begrüßung

Die Verhaltensforscher haben in den vergangenen Jahrzehnten erstaunliche Erkenntnisse in Bezug auf die sozialen Ansprüche der Katze zu Tage gefördert. Katzen sind nicht die absoluten Einzelgänger, für die man sie lange hielt. In einer Hinsicht hat sich das Bild allerdings nicht verändert: Jede Katze bricht stets allein zur Revierinspektion und zur Jagd auf. Das schließt auch Tiere ein, die unter einem Dach leben und eng befreundet sind.

INFO

Treffpunkt Kratzbaum

Der Kratzbaum gehört genauso in jeden Katzenhaushalt wie Futter- und Wassernapf oder die Katzentoilette.

Multitasking Er ist Hochsitz, Kletterbaum, Schlaf- und Spielplatz, dient zum Krallenwetzen und lässt sich mit Schaukel und Hängematte erweitern. Auch Outdoor-Katzen wollen hier regelmäßig ihre Krallen wetzen.

Standort An der Hauptverkehrsstraße, die Mieze in der Wohnung benutzt.

Befreundete Katzen dürfen das Revier passieren, fremde Eindringlinge sind unerwünscht und werden verjagt. Prinzipiell aber sind die Revierinhaber nicht auf Begegnungen mit Artgenossen erpicht und vermeiden sie, so weit es geht. Trifft man trotzdem unvermutet auf einen Besucher, versucht man mehr über ihn und seine Absichten zu erfahren, gleichzeitig aber auch die Etikette zu wahren. In Katzenkreisen benutzt man für die Personenkontrolle das sogenannte Begrüßungsritual:

- Beide Katzen gehen frontal aufeinander zu, bis sich die Nasen fast berühren und die abgespreizten Schnurrhaare Kontakt zum Kopf der Gegenseite haben (→ Abb. Seite 50–51). Die Duft- und Tastprobe liefert Informationen über Persönlichkeit, Stimmung, Geschlecht und Hormonstatus der anderen Katze. Sind beide einverstanden, wird der Schnuppertest fortgesetzt. Die Katzen streichen an der Flanke des Gegenübers vorbei, um schließlich sein »Analgesicht« zu überprüfen, an dem sie alle Informationen ablesen können, die für eine Beurteilung des Artgenossen nötig sind.
- »Analgesicht« nennt man den individuellen Geruch der Katze, der durch das Sekret der paarigen, rechts und links vom After liegenden Analdrüsen hervorgrufen wird.
- Eine Katze, die das Beschnuppern ihres »Analgesichts« gestattet, lässt gleichsam »die Hosen runter«, weil sie damit dem Gegenüber ihren Duftausweis mit den persönlichen Daten vor die Nase hält.
- Allein die Tatsache, dass eine Katze bereitwillig ihren Schwanz hebt und die Kontrolle des »Analgesichts« gestattet, beschreibt schon ihre Persönlichkeit. Die Erlaubnis erfordert nämlich ein Selbstbewusstsein, das manche Katzen nicht mitbringen. Ängstliche und unsichere Naturen verweigern die Analkontrolle häufig, indem sie den Schwanz nicht zur Seite nehmen oder sich mit dem ganzen Körper wegdrehen.
- Unter befreundeten Katzen verzichtet man häufig aufs volle Begrüßungsprogramm, vor allem auf die Kontrolle des »Analgesichts«. Man ist miteinander vertraut und hegt keine bösen Absichten. Der flüchtige Nase-zu-Nase-Kontakt hat eher symbolische Bedeutung.
- Zur Schnupperbegrüßung kommt es nur, wenn beide Seiten zuvor ihre Bereitschaft und ihre friedliche Absicht signalisieren. Zeigt eine Katze schon durch Körperhaltung und Lautsprache an, dass sie eher auf Krawall gebürstet ist, fällt die Begrüßungstour ins Wasser.
- Haben sich die Katzen noch kein vorläufiges Bild voneinander gemacht, bleiben sie oft einige Meter voneinander entfernt sitzen und starren sich entweder über längere Zeit an, wenn sie kampfbereit sind (→ Seite 28), oder wenden den Blick ab, um zu signalisieren, dass sie Zoff vermeiden wollen.

Auf dem Duftpfad der Liebe

Eine Kätzin ist mehrmals im Jahr paarungsbereit. Diese sogenannte Rolligkeit zeigt sie auch durch ihr Verhalten an: Sie wird unruhig, ist schmusebedürftig, reibt Köpfchen und Körper häufiger als sonst an vertrauten Menschen und an Gegenständen, wälzt sich am Boden, ruft fortgesetzt und nutzt die kleinste Gelegenheit, um auszubüxen. Dass seine Katze rollig ist, kann auch ihr Halter nicht übersehen.
Doch die Rolligkeit setzt schon ein, bevor sich die Kätzin auffällig anders als sonst verhält. Um das zu registrieren, muss man allerdings ein Kater sein. Er kann den spezifischen Duft, den eine läufige Katze verströmt, schon im frühen Stadium ihrer Rolligkeit wahrnehmen und zeigt das auch durch Flehmen an. Als Botenstoffe dienen Pheromone, die unter anderem beim Beriechen des »Analgesichts« (→ linke Seite), beim Schnuppern an Harn oder dem mit Analdrüsensekret parfümierten Kot (→ Seite 49) wahrgenommen werden und eine zentrale Rolle in der Kommunikation der Katzen spielen.

- Bei rolligen Katzen ist es die Valeriansäure, die als Sexualpheromon die Kater über den veränderten Hormonhaushalt der Weibchen informiert und die Männchen stimuliert.
- Valeriansäure gehört auch zu den Inhaltsstoffen des Baldrians, der auf viele Katzen eine drogenähnliche Wirkung hat (→ Seite 51).
- Wenn Katzen in Gruppen zusammenleben, synchronisiert die Valeriansäure nicht selten die Rolligkeit: Nachdem eine Kätzin rollig wurde, folgen ihr die Geschlechtsgenossinnen nach und werden auch rollig.

Verräterischer Angstschweiß

Schwitzen können Katzen anders als wir nur über wenige Stellen ihres Körpers. Ein Teil der überschüssigen Wärme wird über Ohren, Zunge und die Schweißdrüsen zwischen den Sohlenballen abgegeben. Bei großer Hitze speichelt die Katze ihr Fell zusätzlich mit der Zunge ein und sorgt so für Abkühlung durch Verdunstungskälte. Den gleichen Effekt hat Hecheln, das man aber bei Katzen nur relativ selten beobachtet.
Die schwitzenden Katzenpfoten hinterlassen feuchte Abdrücke, besonders gut zu erkennen auf Parkett- und Laminatböden. Nicht immer ist aber die Regulation der Körpertemperatur für nasse Pfoten verantwortlich. Sie zeigen auch an, ob die Katze sich ängstigt oder unter Stress steht, zum Beispiel wenn sie ungern mit dem Auto fährt oder sich vor dem Tierarzt fürchtet. Dass tatsächlich Angst im Spiel ist, belegen geduckte Haltung, eingeknickte Beine (→ Seite 28) und geweitete Pupillen. Der leicht süßliche Schweißgeruch ist für menschliche Nasen nicht besonders angenehm.

Beim Wetzen ihrer Krallen hinterlässt die Katze neben Sichtzeichen auch Geruchsstoffe aus den Duftdrüsen der Pfotenballen.

PFOTENSTUPSEN

Die Pfote der Katze ist ein unterschätztes Multifunktionswerkzeug: Sie hinterlässt Duftmarken, setzt zusätzlich beim Krallenwetzen optische Signale, sorgt für die fast geräuschlose Fortbewegung, ermöglicht einen rutschfreien Absprung, bremst die Landung und dämpft sie mit ihren dick gepolsterten Pfotenballen. Die ausfahrbaren Krallen sind beim Klettern und beim Beutegreifen unverzichtbar und sehr effiziente Waffen beim Konflikt mit Artgenossen und anderen Tieren.

Doch die Pfote ist auch ein Kommunikationsinstrument, das es der Katze möglich macht, ihre Stimmungen und Forderungen mit sparsamen Gesten auszudrücken. Pfotenberührungen sind schon in der Wurfkiste gängige Praxis, wo der Körperkontakt zwischen Mutter und Jungen und den Geschwistern untereinander Wärme und Geborgenheit garantiert und Anstupsen mit den Pfoten die Bindung stärkt. Diese Vertrauensgeste überträgt die Katze auch auf die vertrauten Personen ihrer menschlichen Familie (→ Seite 29). Pfotenstupsen heißt »Hallo, hier bin ich!« oder »Wie wär's mit Futter?«, oft aber schlicht »Ich mag dich und bin froh, dass es dich in meinem Leben gibt«.

Linke oder rechte Pfote? Die meisten Menschen setzen bevorzugt entweder die linke oder rechte Hand ein, wenn sie schreiben, etwas anfassen, festhalten oder fangen. Ähnlich links- und rechtshändigen Menschen gibt es »links- und rechtspfotige« Katzen, die mit einer bestimmten Pfote nach Futterbröckchen im Fressnapf angeln, mit ihr beim Spielen den Ball schubsen oder aufmüpfigen Artgenossen einen Tatzenhieb verpassen.

NUR WAS GUT RIECHT, SCHMECKT AUCH GUT

Spätestens bei der Frage, was ganz oben auf der Lieblingsfutterliste steht, stellt jeder Halter fest, wie sehr Gerüche das Leben der Katze bestimmen. Die Kommunikation rund um den Futternapf ist nicht selten von Fehlinformationen und Missverständnissen auf der einen und Trotz, beleidigtem Abwenden oder Nahrungsverweigerung auf der anderen Seite geprägt.

Keine Experimente!

Katzen haben ihren eigenen Kopf. Das gilt auch in Futterfragen. An Abwechslung im Fressnapf sind sie nicht interessiert, beharren

SprechStunde

Die Nase isst mit

Riecht der Futternapf nach der Chemie des Geschirrspülmittels, wenden sich viele Katzen ab und lassen die Mahlzeit stehen: Der Geschmack muss stimmen, aber auch der Geruch und die Temperatur des Futters. Wie sehr sich die Katze auf ihre Nase verlässt, bemerkt man spätestens, wenn ihr Näschen wegen einer Erkältung verstopft ist und nichts mehr riechen kann. Dann passiert es nicht selten, dass die Katze überhaupt nicht mehr frisst – trotz guten Zuredens und bester Leckerbissen.

auf der gewohnten Kost und verweigern sich meist hartnäckig jedem Futterwechsel. Viele Nahrungs- und Geschmacksvorlieben gehen auf die Kinderzeit und die Nahrung zurück, die ihre Mutter für gut befunden hatte. Süßigkeiten und Naschereien wiederum lassen Katzen kalt, was auf fehlende bzw. funktionsuntüchtige Geschmacksrezeptoren für Süßes zurückgeht (→ Seite 16). Wenn man seine Katze beim Tortenschlecken erwischt, ist sie nicht auf den Geschmack gekommen, sondern wohl nur neugierig, was da auf dem Tisch ihres Menschen steht.

Volles Aroma

Nicht die Zunge, sondern die Nase der Katze entscheidet darüber, ob das Menü im Fressnapf akzeptabel und genießbar ist. Andernfalls reagiert die empfindsame Kostgängerin »not amused«, wendet sich ab, schnickt kurz mit einem Hinterbein (→ Abb. Seite 110–111) und lässt die Mahlzeit unberührt stehen.

- Vor allem der Geruch von tierischem Fett, sprich des Fleischs, kitzelt den Stubentiger in der Nase. Fleischextrakt macht die Nahrung noch verführerischer.
- Futter sollte stets zimmerwarm sein, weil es nur dann sein volles Aroma entwickelt und die Katze zum Fressen animiert. Eine Maus kommt schließlich auch nicht aus dem Kühlschrank. Darüber hinaus kann eiskaltes Futter Verdauungsprobleme verursachen.
- Und natürlich muss das Angebot im Fressnapf frisch sein! Alte, halb vergammelte Kost mag Hunden schmecken, für die Katze ist es ein absolutes No-Go.
- Verwenden Sie für Ihre Katze bitte eine Futterschüssel aus Edelstahl, Keramik oder Glas. Diese Materialien lassen sich unter heißem Wasser problemlos reinigen und entwickeln keinerlei Eigengeruch. In Plastikschüsseln hingegen setzt sich oft der Geruch von altem Futter fest, was der Katzennase kaum verborgen bleibt. Da hilft auch penibles Säubern wenig. Beim Reinigen von Futter- und Wassernapf sind chemische Mittel tabu (→ SPRECHSTUNDE, linke Seite).

Ins Revier geht die Katze solo. Befreundete Katzen begrüßt man höflich, fremde werden vertrieben (→ Abb. Seite 50–51).

Gefährliche Kost

Katzen besitzen ein hoch entwickeltes Sensorium für gutes Futter. Doch weder Katzennase noch Katzenzunge schlägt Alarm bei giftigen Zimmerpflanzen oder bei Fleisch, das mit Toxoplasmose-Erregern verseucht ist. Und auch vor Kuhmilch machen viele Katzen nicht halt, obwohl sie ihnen nicht bekommt.

Im ersten Jahr lernen Katzenkinder, wie sie sich benehmen müssen

Ohne Mama geht es nicht: Neugeborene Kätzchen sind blind und taub und ganz von der mütterlichen Fürsorge abhängig. In den ersten Lebenstagen beschränkt sich ihre Wahrnehmung allein auf Gerüche und die Wärme von Mutter und Geschwistern. Doch die Entwicklung verläuft rasant, und nach wenigen Wochen sind die Rabauken kaum mehr zu bremsen und beherrschen die wichtigsten Lektionen der Katzensprache.

Junge Katzen werden im Eiltempo flügge. Bereits nach vier bis fünf Wochen sind aus den hilflosen Würmchen aktive und naseweise Youngster geworden, die in Kampf- und Jagdspielen ihre Reaktion und Fitness testen. Die Entwicklungsphasen von Mensch und Katze lassen sich nur mit Vorbehalt vergleichen, die Gegenüberstellung veranschaulicht zumindest aber die stürmischen Fortschritte, die Katzen im ersten Lebensjahr machen.
Die Säuglingsphase der Katze erstreckt sich ca. über die ersten vier Wochen, beim Menschen bis zum 12. Monat. Die 2 bis 3 Monate alte Katze entspricht in etwa dem 3-bis-5-jährigen Menschenkind, mit sechs Monaten einem 12-jährigen und im Alter von einem Jahr dem 15- bis 16-jährigen Teenager. Erwachsen sind Katzen in der Regel mit 18 Monaten, große Rassen zum Teil erst erheblich später.

Kaum älter als einen Monat und schon mit allen Wassern gewaschen. In wilden Verfolgungs- und Kampfspielen testen die Kids ihre Fähigkeiten.

Die Tabelle »Entwicklung der Körper- und Lautsprache« (→ Seite 61) gibt einen Überblick über die Entwicklung der Körper- und Lautsprache der Katze im ersten Lebensjahr.

EIN GUTES JAHR ZUM ERWACHSENWERDEN

Mitzuerleben, wie sich ein unbeholfenes Kätzchen zur selbstsicheren und eleganten Katze entwickelt, zählt sicher zu den schönsten und aufregendsten Erlebnissen eines Katzenhalters. Damit vom Start weg alles im grünen Bereich ist, sollten Sie schon beim Kauf der Jungkatze einige Punkte beachten.

So machen Sie beim Kauf eines Kätzchens alles richtig

Katzenkauf ist Vertrauenssache Informieren Sie sich über die Herkunft des Tieres, bevor Sie im Internet oder über eine Zeitungsanzeige »die Katze im Sack« kaufen. Und kaufen Sie nie ein Kätzchen in der Zoohandlung! Alle Zoofachgeschäfte, die dem Zentralverband Zoolo-

Der erste Ausflug ins Grüne. Die Katzenmutter hat ein wachsames Auge auf ihren Sprössling. Da dem die fremde Welt noch nicht ganz geheuer ist, weicht er Mama nicht von der Seite.

gischer Fachbetriebe Deutschlands e. V. (→ ZZF, Adressen, Seite 126) angehören, verkaufen seit vielen Jahren weder Katzen noch Hunde. Leider gibt es nach wie vor einige schwarze Schafe. In der Regel stammt die junge Katze aus Privathand, oft von Freunden, Verwandten oder Bekannten. Wem der Sinn nach Rasse steht, kommt an Rassekatzenzüchtern nicht vorbei. Adressen empfehlenswerter Katzenzüchter in Ihrer Nähe erhalten Sie von den Zuchtvereinen.

- Und warum keine Katze aus dem Tierheim? Hier warten Katzen jeden Alters und jeder Rasse auf neue Besitzer und ein katzengerechtes Zuhause. Tierheimkatzen werden grundsätzlich nur mit Schutzvertrag abgegeben.

Darauf sollten Sie achten Die glückliche Beziehung mit der neuen Jungkatze beginnt bei der Auswahl. Diese Punkte sind wichtig:

- Die Katze sollte mindestens 12, besser 14 Wochen alt sein. In den Wochen vor Abgabe lernt das Kätzchen in der Interaktion mit Mutter und Wurfgeschwistern noch vieles, was später die Kommunikation mit Artgenossen, aber auch dem Menschen prägt. Katzenkinder, die zu früh getrennt werden, zeigen zum Teil deutliche Mängel an sozialer Kompetenz.
- Die Jungkatze ist grundimmunisiert (Erst- und Folgeimpfungen gegen Katzenschnupfen und Katzenseuche in 8. und 12. Lebenswoche) und entwurmt (Wurmkuren zwischen 2. und 12. Woche im Abstand von 14 Tagen).

- Die Kleine sieht gesund und sauber aus. Ihre Augen sind klar und nicht verklebt, die Ohren frei von Belägen, der Afterbereich ist nicht verschmutzt.
- Das Fell ist glatt, wirkt nicht stumpf und zeigt keine Kahlstellen. Flohbefall erkennt man an schwarzen Pünktchen. Ein struppiges, ungepflegtes Fell ist oft das Zeichen von Unwohlsein oder Krankheit.
- Das Kätzchen wirkt aufgeschlossen und munter. Es ist neugierig, spielt gern, läuft und springt ohne Behinderung und verkriecht sich nicht verängstigt in einer Ecke.
- Die Katze ist in der Familie aufgewachsen und stammt nicht aus Zwingerhaltung.
- Für eine Rassekatze, mit der Sie züchten wollen, gelten besondere Anforderungen.

52 stürmische Wochen

Es beginnt mit einem winzigen, 100 g leichten Wesen, das nicht sehen und nicht hören kann. Knapp ein Jahr später erinnert nichts mehr an die ersten Tage: Aus dem hilflosen Säugling ist eine selbstbewusste, reaktionsschnelle Katze mit einem maßgeschneiderten, muskulösen Körper und hellwachen Sinnen geworden.

→ 1.–2. Woche

Naseweis mit Wackelkopf

Katzen kommen blind und taub auf die Welt, besitzen aber einen gut entwickelten Tast- und Geruchssinn. Weil die dünnen Beinchen den Körper noch nicht tragen können, müssen die Neugeborenen den mühsamen Weg zu den mütterlichen Zitzen im Kriech- und Schiebegang bewältigen, wobei sie ihre Duftspur meist zum Ziel führt. Der Körper des Säuglings kann seine Temperatur noch nicht konstant halten. In dieser Lebensphase sind Wärme und der Körperkontakt zu Mutter und Geschwistern lebenswichtig. Geht der Kontakt verloren, stößt der große, ständig hin und her pendelnde Kopf irgendwann und irgendwo an und sorgt dafür, dass das verlorene Kind wieder Anschluss findet. Bleibt das Suchpendeln einmal erfolglos, kann sich das Kätzchen immer noch auf seinen Notruf verlassen: Auf das klagende Fiepen kommt die Mutter sofort herbei, sie beruhigt den Knirps und schafft Abhilfe.
- Zitzenpräferenz: Jedes Neugeborene kehrt stets wieder zu der Zitze zurück, die es zuerst angesteuert hat. Die stärksten Jungen besetzen die hinteren und ergiebigsten Zitzen.

Der frühe Kontakt mit dem Menschen prägt die junge Katze und stellt sicher, dass sie auch als Erwachsene offen für Beziehungen bleibt.

Ein Herz, eine Seele … und ein Futternapf. Ob Fressen, Spielen oder Schlafen, die Wurfgeschwister machen alles gemeinsam.

Kommunikation: ★★ Für die Winzlinge gibt es Bestnoten im Riechen, Kopfwackeln, Wärmeinseln aufspüren und Alarmfiepen. Mehr braucht es jetzt noch nicht.

→ **2.–3. Woche**

Mit eigenen Augen und Ohren

Bei der Geburt sind die Augen verschlossen, sie öffnen sich zwischen dem 8. und 14. Tag. Bis die Kleinen richtig sehen, dauert es aber noch einige weitere Tage. Neugeborene Katzen haben hellblaue Augen, Farbpigmente lagern sich erst ab dem 3. Monat ein. Parallel zum Sehen entwickelt sich auch das Hörvermögen, und die jungen Katzen reagieren zum Beispiel auf das Schnurren ihrer Mutter. Sie selbst schnurren beim Trinken, was der Kätzin signalisiert, dass ihr Nachwuchs ausreichend mit Milch versorgt ist.
Kommunikation: ★★★ für die offenen Augen und Ohren.

→ **ab 4. Woche**

Wilde Spiele und die Grenzen

Schon am Ende der 3. Woche haben sich ganz Mutige für einen kurzen und fürchterlich aufregenden Moment aus der Wurfkiste gewagt. Dabei ist man aber immer wieder über die eigenen Beine gestolpert, weil die oft anders wollten als man selbst. Jetzt klappt es mit der Körperkoordination schon besser. Was natürlich dazu animiert, die neu entdeckten körperlichen Fähigkeiten im Spiel mit den Geschwistern zu testen. Ehrensache, dass es richtig zur Sache geht. In diesem Alter sind junge Katzen keine Weicheier mehr! So wild die Attacken und Verfolgungsspiele auch anmuten, jetzt und in den folgenden Wochen testen die Rabauken, wie weit man bei seinen Artgenossen gehen darf. Diese Entwicklungsphase prägt ihre »soziale Kompetenz«, sie lernen, Grenzen nicht zu überschreiten und die Ansprüche anderer zu respektieren.
Kommunikation: ★★★★ für die Entdeckung des Miteinanders.

→ **ab 4.–5. Woche**

Was kostet die Welt!?

Ein kleiner Kolumbus schlummert in jedem Kätzchen: kein Tag ohne Ausflug rund ums Wurflager. Die neue Welt entdecken heißt die Parole. Aber nicht allein, denn dazu klopft das Hasenherz trotz aller Neugier noch zu stark. Also müssen die Kumpel mit. Zu dritt oder viert wagt man sich selbst in düstere Ecken, jederzeit bereit, blitzschnell den Rückzug anzutreten und sich hinter Mamas Rücken zu verstecken. Laufen und Springen funktionieren immer besser, und auch in der Körperpflege versucht man sich selbst – wenn auch anfangs mit bescheidenem Erfolg.
Kommunikation: ★★★★ für Entdeckermut und Zivilcourage.

→ ab 5. Woche

Von Menschen und Mäusen

Für die jungen Katzen ist die Mutter das Maß der Dinge: Sie beobachten und verinnerlichen jede ihrer Reaktionen und Handlungen. Die jetzt erlernten Verhaltensmuster bestimmen ihr ganzes Leben. Hat die Kätzin ein enges Verhältnis zu ihrer Familie, reagieren ihre Kinder schon auf die ersten Kontakte mit dem Menschen offen und vertrauensvoll, während es bei den Jungen einer eher scheuen Mutter viel Zuspruch und Geduld braucht, bis sie die anfängliche Distanz überwinden.

Wenn die Mutter Auslauf hat, erteilt sie ihrem Nachwuchs jetzt Anschauungsunterricht in Sachen Beutemachen und schleppt tote, später auch lebende Mäuse in die Wohnung. Die Jungen begegnen den fremdartigen Hauswurfsendungen anfangs mit Zurückhaltung, testen aber schon bald mit spielerischen Attacken und Pfotenhieben, was es damit auf sich hat. Erbeutet die Katzenmutter regelmäßig auch Ratten, was nur auf mutige und erfahrene Jägerinnen zutrifft, verdeutlicht sie den Unterschied zwischen einer harmlosen Maus und der gefährlichen Ratte anhand unterschiedlicher Lockrufe (→ Seite 42).

Entwicklung der Körper- und Lautsprache

Neugeborene Katzen sind blind und taub, aber nicht sprachlos. Sie können um Hilfe rufen und orientieren sich mit Geruchs- und Tastsinn. Nach sechs Wochen sind Körper- und Lautsprache so weit ausgereift, dass sich die Kids fehlerfrei verständigen können.

Lebensalter	Körpersprache	Lautsprache
Neugeboren	Kopfpendeln, um verlorenen Körperkontakt wiederherzustellen	Klagendes Fiepen, wenn allein gelassen, hungrig oder frierend
2 Wochen	Aneinanderkuscheln, um möglichst wenig Wärme zu verlieren	Schnurren, mit dem sich Mutter und Kinder gegenseitig beruhigen
4 Wochen	Spiele mit Geschwistern: Boxen, Anschleichen, Anspringen, Buckel	Jammern (wenn Geschwisterzähne piksen), Knurren und Fauchen
6 Wochen	Spielerischer Umgang mit toten Beutetieren, Spiele mit Objekten	Miauen in unterschiedlicher Ausdrucksform (ersetzt u. a. Fiepen)
7.–10. Monat	Geschlechtsreife: Kätzin wird rollig, Kater markiert mit Harn	Lockruf und Paarungsschrei der Kätzin, »Gesänge« der Kater
ab ca. 15. Monat	Die Katze ist erwachsen, verfügt über alle Ausdrucksformen der Körper- und Lautsprache und kann sie je nach Situation einsetzen.	

Obwohl die Jungen früh mit der Fellpflege beginnen, hilft Mama bei der Wäsche nach. Zustimmung erhält sie dabei nicht immer.

• Muss der Mensch in dieser Prägungsphase die Mutterrolle für verwaiste Katzenkinder übernehmen (→ Kaspar-Hauser-Katzen, Seite 18), wird er von den Jungen als Artgenosse betrachtet. Die intensive Beziehung bleibt lebenslang bestehen.

Kommunikation: ★★★★ für das Erlernen von Verhaltensmustern, die für die erwachsene Katze wichtig sind, wie der (hier noch spielerischen) Umgang mit Beutetieren.

→ ab 6. Woche

Mit allen Sinnen

In diesem Alter erkennt man schon die unterschiedlichen Persönlichkeiten der Geschwister. Neben selbstbewusst-frechen Jungspunden gibt es eher bedächtige und beobachtende Charakter, neben vorwitzigen Entdeckernaturen auch die stillen Heimchen am Herd.

Die Sinnesleistungen der Youngster sind jetzt vollständig ausgeprägt und entsprechen denen der erwachsenen Katze. Körperkoordination und Motorik hinken der Gehirnentwicklung noch etwas hinterher. Die jungen Katzen unterscheiden vertraute und fremde Personen am Geruch und zeigen Drohgebärden wie den Katzenbuckel. Die selbstständige Fellpflege macht große Fortschritte. Von draußen bringt die Mutter lebende Tiere mit. An ihnen üben die Jungen Fangtechnik und Tötungsbiss. Obwohl der Nachwuchs relativ selbstständig ist, entscheiden die letzten Wochen unter den kritischen Augen der Mutter wesentlich über das spätere Sozialverhalten der Jungen mit.

• Das perfekte Setzen des Tötungsbisses ist ein schwieriges Unterfangen, das auch manche erwachsene Katze nur unvollkommen oder gar nicht beherrscht, da ihr Erfahrung und regelmäßiges Training am Objekt fehlen.

Kommunikation: ★★★★ für die vollständig ausgereiften Sinne, für die Unterscheidung von Freunden und Fremden und das »ernsthaftere« Training des Beutemachens.

→ 12.–14. Woche

Abschied und Neubeginn

Feste Nahrung können die Jungkatzen seit der 4. Woche zu sich nehmen, von der 6. Woche an lässt die Mutter sie seltener an die Zitzen, ab etwa der 10. Woche gar nicht mehr. Jetzt ist der richtige Zeitpunkt gekommen, wo die Kätzchen in ihre neuen Familien umziehen. Lernen müssen sie aber auch dann noch jede Menge.

• Werden Mutter und Kinder nicht getrennt, bleiben sie etwa ein halbes Jahr zusammen.

Kommunikation: ★★★★★ für schon sehr selbstständige Katzenkinder, die alle Grundregeln der Etikette kennen, sich rasch in ihre neue Familie einfügen, aber auch ihren eigenen Ansprüchen Gehör verschaffen.

→ **ab ca. 7. Monat**

Aus Kindern werden Kätzinnen und Kater

Zwischen dem 7. und 9. Lebensmonat wird die Kätzin geschlechtsreif und erstmals rollig, die Weibchen orientalischer Schlankrassen wie die Siam oft schon im 6. oder sogar 5. Monat. Die Kater sind erst mit etwa 7 bis 11 Monaten geschlechtsreif, zum Teil auch später. Mit 6 bis 8 Monaten sollte jede Katze kastriert werden, mit der man nicht züchten will. Ein rolliges Weibchen strapaziert die Nerven, der geschlechtsreife Kater markiert oft auch in der Wohnung mit stinkendem Harn.

- Gewähren Sie Ihrer Katze erst Auslauf, nachdem sie kastriert und geimpft ist. Allein die Kastration kann das Elend verwilderter Katzen (→ Seite 32) bekämpfen.

Kommunikation: ★★★★★ für die Entwicklung zu einer »kompletten« Katze mit unverwechselbarem Charakter.

→ **ab ca. 15.–18. Monat**

Endlich gesellschaftsfähig

Mit der Geschlechtsreife ist die Katze erwachsen, aber nicht ausgewachsen. Die körperliche Reife und volle Leistungsfähigkeit erreicht sie erst einige Monate später, bei großen Katzenrassen kann das noch ein Jahr und länger dauern. Einige Verhaltensmuster brauchen Praxis und Erfahrung, etwa der Tötungsbiss beim Beutemachen. Die Outdoor-Katze muss die Regeln der Koexistenz mit den Artgenossen lernen und sich behaupten, um ihr eigenes Revier beanspruchen zu können.

Kommunikation: ★★★★★ für die Katze im Zenit ihrer Leistungsfähigkeit und die Integration der Freigängerin in die Katzengesellschaft ihres Wohnviertels.

»Das Katzenleben ist kein Kinderspiel« … sagt Mama. Katzenmütter nehmen die Erziehung ihrer Kinder ernst, sie sind liebevoll, aber auch konsequent. Wenn ein Junges über die Stränge schlägt, wird es fauchend oder mit einem Pfotenhieb gemaßregelt. Die Kätzchen lernen vor allem durch Beobachten und Nachahmen ihrer Mutter. Was Mama macht, ist immer richtig.

SprechStunde

Sex mit Schwester oder Bruder

Wurfgeschwister verstehen sich meist sehr gut und unternehmen viel gemeinsam. Handelt es sich dabei um Brüderlein und Schwesterchen, manchmal auch zu viel … Zwar wird der Kater in der Regel später geschlechtsreif als die Kätzin, aber verlassen sollte man sich darauf nicht. Und ob sie rollig ist, erkennt er schon früh am Geruch, lange bevor der Mensch es registriert. Geschwisterliebe ist bei Katzen kein Tabu. Nur die Kastration schützt vor unerwünschtem Nachwuchs (→ oben).

Wissen Sie eigentlich, was Ihre Katze Ihnen sagen will?

Wir haben uns die Haustiere untertan gemacht. Nur die Katze nicht. Sie hat sich dem Menschen aus freien Stücken angeschlossen (und ihn ein bisschen untertan gemacht). In der ungleichen Beziehung spielt die Katze das Kleinkind, das geschützt und versorgt werden will. Ergo greift sie im Dialog mit uns auf ihre Babysprache zurück, mit der sie schon zu Wurfkistenzeiten ihrer Mutter Beine machen konnte.

Die Katze ist das Baby, der Mensch die Übermutter. Die Rollenverteilung ist vorgegeben, Aufgaben und Ansprüche sind klar definiert. Aber natürlich weiß die selbstbewusste erwachsene Katze, wer sie wirklich ist. Daher ist das Kindergebrabbel im Umgang mit den Artgenossen tabu, das vermeintlich so katzentypische Miau bleibt allein dem Dialog mit dem adoptierten Zweibeiner vorbehalten.

KATZEN TREFFEN IMMER DEN PERFEKTEN TON

Die Katze hat kein Problem, uns ihre Befindlichkeit und Wünsche zu vermitteln. Dafür gibt es zwei Gründe: Zum einen ist sie eine sehr aufmerksame Beobachterin, der weder die emotionale Verfassung des Menschen noch seine »Schwachstellen« verborgen bleiben, zum anderen stimmt sie Körper- und Lautsprache so geschickt auf die Gesprächssituation ab, dass sich ihr Gegenüber schuldig fühlt, wenn er den Wünschen seiner Schutzbefohlenen nicht sofort nachkommt. Bei den Lautsignalen ist es vor allem der Ton, der die Musik macht: Katzen sind wahre Sprachmodulationskünstler und stellen mit unzähligen lautmalerischen Variationen alle anderen Tiere in den Schatten.

Um ein klägliches Miauen, die leidende Mimik oder das beleidigte Kalte-Schulter-Zeigen ist keine Katze verlegen, wenn sie etwas von uns will.

Zuneigung und ein bisschen mehr

Die Behauptung, dass Katzen in uns nur den Futterdosenöffner sehen, stammt – wie auch anders – von Zeitgenossen, die mit Katzen und ihrem unabhängigen Wesen offensichtlich ein Problem haben. Jeder Halter wird bezeugen, dass er für seine Katze ganz oben steht. Selbst wenn ihr Magen knurrt, lässt sie das Futter zuerst einmal stehen, um mit dem Menschen zu schmusen. Der Dosenöffner-Job gehört trotzdem ins Pflichtenheft der menschlichen Oberkatze. Die Katze stellt an uns schließlich die gleichen Forderungen, die sie als Jungtier an ihre leibliche Mutter gestellt hat.

Der domestizierte Katzenhalter

Wäre da nicht die Erinnerung an die frühen Tage mit Mama, wo Miau zur Alltagssprache der Jungen gehörte, hätte die erwachsene Katze dieses wunderbare Lautsignal eigentlich erfinden müssen. Katzen sind Opportunisten (was vielleicht ein bisschen negativ klingt, uns aber dennoch Hochachtung abnötigen sollte) und sind es auch als Partner des Menschen geblieben. Und Miau mit seinen vielen Ausdrucksformen ist das ideale Sprachwerkzeug, um in einer Diskussion die passenden Argumente zu präsentieren. Und wie es sich für eine lupenreine Opportunistin gehört, adressiert die Katze jede ihrer Bezugspersonen mit unterschiedlichen Miau-Lauten. Herz und Beistand der nachgiebigen Großmutter erreicht die ach so hilfsbedürftige Katze mit einschmeichelnd, klagendem Maunzen, bei der Frau des Hauses muss es schon das unüberhörbar mahnende, vielleicht auch unterschwellig zornige »Jetzt ist Fütterungszeit!«-Miau sein.

• Untereinander verständigen sich Katzen oft mit kaum wahrnehmbaren Gesten, beim Menschen gehen die Stubentiger aber auf Nummer sicher und verhalten sich so auffällig wie möglich, um nicht missverstanden zu werden.

FREUNDLICH UND ZUVORKOMMEND

Katzen können zwar auch ganz anders, aber dem Menschen gegenüber benehmen sie sich fast immer höflich, es sei denn, er übersieht oder missachtet die Unmutsreaktionen und Warnsignale seiner Katze.

Begrüßung auf Katzenart: »Endlich bist du da!«

Kaum öffnet sich die Haustür, läuft die Katze schon schnurstracks und mit hoch erhobenem Schwanz auf ihren Besitzer zu. Lange genug hat sie warten müssen. Desto größer ist jetzt ihre Freude über die Heimkehr. Die meisten Katzen begrüßen den vertrauten Menschen dabei mit einem mehrfachen Miauen, das wie ein hell keckerndes »Mä Mä« klingt. Oft nehmen sie beim Herankommen auch Blickkontakt auf, was eher untypisch für Katzen ist, da sie Anstarren normalerweise als unangenehm und bedrohlich empfinden und daher den Blick abwenden.

• Wie überschäumend die Begrüßungsarie ausfällt, hängt nicht unbedingt von der Dauer der Abwesenheit des Menschen, sondern viel

SprechStunde

Warum Katzen oft zu Menschen gehen, die keine Katzen mögen

Obwohl mehrere Personen im Zimmer sind, wendet sich die Katze demjenigen zu, der Katzen nicht mag oder sich vor ihnen fürchtet. Was zuerst verblüfft, ist von Seiten der Katze verständlich: Ein Mensch, der Probleme mit Katzen hat, dreht sich meist weg und blickt die Katze nicht an. Sie wiederum bewertet das positiv, während sie Personen, die sie anschauen, lieber meidet, weil für sie der direkte Blickkontakt bedrohlich oder zumindest unangenehm ist.

stärker vom Wesen des Stubentigers ab. Manche Katzen geraten schier aus dem Häuschen, obwohl ihr Halter kaum zehn Minuten weg war, andere nehmen selbst von Urlaubsheimkehrern kaum Notiz. Dabei spielen allerdings gar nicht so selten auch Trotz und Beleidigtsein (→ Seite 74) eine Rolle, weil sich die Familie erdreistet hat, ihre Katze drei Wochen allein in der Obhut eines Catsitters zu lassen.

Köpfchen geben: »Wir sind die besten Freunde!«

Miteinander vertraute Katzen begrüßen sich oft Kopf an Kopf und bekunden so ihre freundschaftlichen Gefühle. Auch dem befreundeten Menschen will die Katze durch Köpfchengeben sagen, wie sehr sie ihn mag. Da sein Kopf aber meist unerreichbar ist, stellt sich der Stubentiger auf die Hinterbeine und streift mit Kopf und Flanke am Bein des Menschen entlang oder drückt seinen Kopf gegen Arm oder Schulter des sitzenden Menschen und markiert ihn dabei auch mit Duftstoffen.

In bester Spiellaune: »Nun komm und mach mit!«

Die Katze läuft vor dem Menschen her, sie positioniert ihren Körper schräg zur Laufrichtung und legt den Schwanz zur Seite. Die eigentümlich anmutende Bewegungsweise soll den Partner zum Nachfolgen animieren und stellt eine Aufforderung zum Spielen dar. Zwischendurch blickt sie wiederholt zurück, um sich zu vergewissern, dass ihre Offerte befolgt wird (→ Abb. Seite 118–119). Die Verhaltenssequenz stammt ursprünglich aus dem Sexualverhalten, wo die Kätzin ihren Freier dadurch reizt, dass sie vor ihm wegläuft, dann kurz wartet, um gleich darauf erneut weiterzulaufen. Diese Phase vor der Paarung bezeichnet man als »Kokettierflucht«.

Schmusen ist Balsam für die Seele. Jeder Halter sollte aber wissen, wann seine Katze genug hat von der körperlichen Nähe.

Einladung zum Streicheln: »Mein Bauch gehört dir!«

Der Bauch ist eine sensible und verletzliche Körperregion. Entsprechend argwöhnisch wacht die Katze darüber, dass hier niemand ungefragt Hand anlegt. Es ist ein ultimativer Vertrauensbeweis, wenn sich die Katze auf den Rücken legt und dem Halter die ungeschützte Bauchpartie präsentiert (→ Abb. Seite 74). Sie erwartet dafür ein paar Streicheleinheiten. Trotz des offensichtlichen Angebots gilt diese Einladung nicht unbedingt für den Bauch. Manche Katzen reagieren vielmehr selbst auf eine behutsame Bauchberührung mit Abwehrreaktionen, manchmal mit ausgefahrenen Krallen. Hintergrund des scheinbar widersprüchlichen Verhaltens: Die Rückenlage ist eine gute Verteidigungsposition, um Angreifer mit allen Pfoten und Krallen zu traktieren. Dieser Abwehrmechanismus bricht zum Teil auch durch, wenn der Mensch die Katze am Bauch streichelt. Der ungewollte Reflex ist ihr oft sichtbar peinlich, aber leider hat die Katze keine Kontrolle darüber.

Maus am Morgen: »Ein Geschenk nur für dich!«

Mieze und Maus gehören zusammen. Viele Katzenhalter würden allerdings gern darauf verzichten, dass diese »Zusammengehörigkeit« mitten in der Wohnung demonstriert wird. Outdoor-Katzen, die als Mäusefängerinnen erfolgreich sind, schleppen nämlich ihre Beute regelmäßig ins Haus, wo sie die Morgengabe vor den Füßen ihrer Besitzer ablegen, nicht ohne ihr Präsent lauthals miauend anzukündigen. Die Katze zeigt damit ihre Zuneigung zu ihrer menschlichen Familie. Möglicherweise glaubt sie aber auch, dass wir nicht in der Lage sind, uns selbst zu versorgen und sie für die Nahrungsbeschaffung zuständig ist.

Herzhaftes Gähnen: »Ich habe keine bösen Absichten!«

Wir verbinden mit Gähnen vor allem Müdigkeit und Sauerstoffmangel. Das trifft auch bei der Katze zu. Doch unabhängig davon hat Gähnen auch eine soziale Funktion. Eine gähnende Katze signalisiert ihren Artgenossen, dass sie friedlich gestimmt ist und auf keinen Fall Ärger machen wird. Das wirkt gleichzeitig auch beschwichtigend auf andere Katzen. Und wie beim Menschen hat Gähnen ansteckenden Charakter: Gähnt eine Katze, gähnen meist bald auch andere, die in ihrer Nähe sitzen.

Treteln: »Hier bin ich glücklich!«

Mit rhythmischen Bewegungen stemmen sich die Vorderpfoten der Säuglinge gegen die Zitzen ihrer Mutter und regen so den Milchfluss an (→ Seite 28). Auch erwachsene Katzen treteln noch, und zwar immer dann, wenn sie sich besonders wohlfühlen, zum Beispiel beim Schmusen mit ihrem Besitzer. Begleitet wird die Pfotenmassage durch ein vernehmliches

Unmissverständliche Aufforderung: Mieze will raus – aber niemand ist da, der ihr die Tür öffnet. Eine Katzenklappe wäre schon schön.

Wenn Herrchen nicht reagiert, muss auch die geduldigste Katze zu härteren Mitteln greifen und zum Beispiel den Zugang zum Laptop blockieren.

Schnurren und bei manchen Katzen auch durch leichtes Sabbern. Da die tretelnde Katze auch die Krallen aus- und einfährt, ist es nicht unbedingt eine Wohltat für den Menschen, wenn sie dabei auf seinem Schoß liegt und die Krallen durch Rock oder Hose schmerzhaften Kontakt mit der Haut haben.

MIT (MEIST) HÖFLICHER BITTE UM GEHÖR

Katzen zeigen wenig Verständnis, wenn man sie nicht beachtet oder wichtige Termine wie die Fütterung vergisst. Um sich in Erinnerung zu bringen, setzen sie ihre Körper- und Lautsprache geschickt und wirkungsvoll ein.

Pfotenstupsen: »Hast du mich vergessen?«

Das Herz jedes Katzenfreundes schmilzt wie Butter in der Sonne, wenn sein Liebling ihn ganz zart mit der Pfote am Bein anstupst, dabei bittend zu ihm hochschaut und leise klagend maunzt. Katzen wissen genau, wie sie ihre Wünsche auf die sanfte Tour durchsetzen können. Doch die Temperamente sind sehr verschieden: Neben den »armen Hascherln«, die auf die Mitleidsdrüse drücken, gibt es auch rabiate Stubentiger, die ihre Krallen unbekümmert ins Bein des Menschen schlagen, wenn ihren lautstark geäußerten Forderungen nicht umgehend Folge geleistet wird.

laut

Wer spricht denn da?

Große Schweiger und kleine Quasselstrippen

Auf den ersten Blick unterscheiden sich Rassekatzen vor allem in Farbe, Zeichnung und Länge des Fells. Jede Rasse besitzt aber auch bestimmte Charakterzüge. Dazu zählen Temperament und Gesprächigkeit. In dieser Übersicht sind die bekanntesten Rassen nach der Lautstärke ihrer Stimme und ihrem Mitteilungsbedürfnis geordnet.

Perser Sehr ruhig, geringer Bewegungsbedarf, fühlt sich auch bei Wohnungshaltung wohl. Leise, zarte Stimme. Nicht sehr gesprächig.

Abessinier Lebhaft und gesellig. Leise Stimme, spricht wenig. Von gleichem Charakter: Somali, die Langhaarvariante der Abessinier.

Britisch Kurzhaar Bedächtig und umgänglich. Bleibt manchmal gern für sich. Angenehme Stimme. Spricht nicht sehr viel.

Kartäuser Gelehrig und intelligent. Zum zurückhaltenden Naturell passen die gedämpfte Stimme und das nicht allzu große Mitteilungsbedürfnis.

leise

still

Siam Temperamentvoll, aktiv und verspielt, verlangt sehr viel Zuwendung von ihrem Besitzer. Siamkatzen sind extrem redefreudig und haben eine laute, oft fordernde Stimme.

Türkisch Van Lebhaft, neugierig und gesellig. Liebt das Spiel mit Wasser. Gesprächige Rassekatze mit vernehmlicher Stimme.

Balinese Sensible, verspielte, manchmal eigensinnige Katze, mit der Siam verwandt. Redefreudig mit einer vernehmlichen Stimme, nicht ganz so laut wie die Siam.

Ragdoll Geduldig, anhänglich, gelehrig und verspielt. Kann gut mit Kindern. Angenehmes Wesen und leise Stimme; für die Wohnungshaltung geeignet.

Maine Coon Verträgliche, unternehmungslustige Rassekatze. Unterhält sich gern, wird aber dank ihrer leise gurrenden Stimme nie aufdringlich.

Birma Umgänglich, menschenbezogen, dabei verspielt und neugierig. Verschafft sich trotz der zarten Stimme bei ihrem Halter Gehör.

gesprächig

Um die Beine streichen: »Nur fünf Minuten deiner Zeit!«

Typische Situation: Der Mensch kommt heim, die Katze begrüßt ihn freudig, hat aber auch einen Wunsch, der unbedingt erfüllt werden muss, zum Beispiel den gröbsten Hunger zu stillen. Die Allzweckwaffe für derartige Fälle: Um-die-Beine-streichen. Die Katze wechselt vor dem Halter ständig die »Straßenseite«, schmiegt sich mit der Flanke einmal an sein linkes, dann ans rechte Bein und sorgt so dafür, dass er beim Vorwärtsgehen fast ins Stolpern gerät. Eindringliches Maunzen begleitet die Aktion. Der Zweck heiligt die Mittel, und der Mensch tut meist, wie ihm befohlen.

- Die Technik beherrschen schon die Katzenbabys, die der ins Wurflager zurückkehrenden Mutter wirkungsvoll vor die Füße laufen.

Wunschobjekt fixieren: »Siehst du nicht, was ich will?«

Katzen können sich völlig auf ein Objekt oder eine Situation konzentrieren. Bestes Beispiel: Die Jägerin vor dem Mäuseloch. Hier verharrt sie wenn nötig über lange Zeit, ohne auch nur mit der Pfote zu zucken, Augen und Ohren allein auf den Eingang zum Nagerbau gerichtet. Den magischen Blick beherrschen Katzen auch im häuslichen Umfeld. Zum Beispiel beim Fixieren der Futterdose, ihres außer Reichweite liegenden Lieblingsspielzeugs oder dem Starren auf die Türklinke, die der Halter endlich drücken soll, weil man ins Freie will. Auch ohne Lautgebung geht von diesem starren Blick eine Suggestivwirkung aus, der sich der Mensch kaum entziehen kann.

Krach machen: »Das überhört garantiert keiner!«

Der Mensch konditioniert seine Haus- und Nutztiere, um den Umgang mit ihnen zu erleichtern und sie für seine Zwecke einsetzen zu können. Auch Katzen verweigern sich Erziehungslektionen nicht, obwohl sie – ganz typisch für Einzelgänger, die Entscheidungen selbstständig treffen müssen – zuerst stets das Für und Wider einer Aufgabe abwägen und sie auf ihren Vorteil prüfen.

Doch Katzen sind auch Meister darin, ihren Menschen zu konditionieren und bestimmte Reaktionen bei ihm abzurufen. Das klappt mit dem leeren Futternapf, der mit den Pfoten laut klappernd über den gefliesten Küchenboden

SprechStunde

Petting and Biting

Schnurrend hat sie eben noch gezeigt, wie sehr ihr das Streicheln gefällt. Und dann plötzlich ein Biss in die Hand des Menschen. Dieses »Petting and Biting«-Syndrom (Streicheln und Beißen) lässt sich relativ oft beobachten. Der Grund des vermeintlich »undankbaren« Verhaltens der Katze ist nachvollziehbar: Sie hat vor dem Biss mehrfach signalisiert, dass sie nicht mehr gestreichelt werden will, aber ihr Halter hat darauf nicht reagiert. Also greift Mieze zu deutlicheren Mitteln.

geschubst wird, oder mit einem Schlüsselbund, der klirrend vom Tisch auf den Boden fällt. Vorausgegangen ist ein Aha-Erlebnis der Katze, die ihre lärmende Inszenierung eher zufällig startete, dann aber die Folgereaktion ihres Besitzers beobachtete. Häufig reicht schon ein Einmalerlebnis, um den Stubentiger zum Wiederholungstäter zu machen.

- Negativbeispiel: Die Katze kratzt am Türblatt, weil sie gelernt hat, dass sie damit ihren Halter am schnellsten zum Öffnen der Tür bewegen kann. Solange man ihren »Befehl« immer wunschgemäß befolgt, wird sich die Problemsituation nicht ändern.

Mäkeln am Futter: »Das kann doch keiner essen!«

Die Katze ist eine Genuss-Esserin. Zuerst prüft ihre Nase den Futterduft, und bei der Mahlzeit lässt sie sich viel Zeit, nimmt ein paar Häppchen, geht weg, kommt zurück, frisst weiter … Zum Schluss bleiben oft einige »Anstandsbröckchen« übrig. Katzen sind heikle Kostgänger. Ein Futterwechsel wird ungern oder gar nicht akzeptiert, überalterte Reste vom Vortag kommen einem Affront gleich. Nicht wenige Stubentiger versuchen ihren Dickkopf durchzusetzen und beharren auf dem Lieblingsfutter. Passt der Katze das Essen nicht, schnuppert sie nur kurz und mit vorgestrecktem Hals am Futter, bleibt oft für einige Sekunden scheinbar unschlüssig stehen, wendet sich dann ab und schnickt im Weggehen meist mit dem Hinterbein (→ Abb. Seite 110–111), was als finales Statement wohl zum Ausdruck bringen soll, dass dieses Menü eine Zumutung ist.

- Frisst eine Katze plötzlich deutlich weniger als sonst oder stellt sie die Nahrungsaufnahme ganz ein, ist das oft ein Krankheitssymptom. Bitte nicht abwarten, wenn die Futterverweigerung länger als 24 Stunden anhält, sondern die Katze umgehend zum Tierarzt bringen.

Eine Katze kommt immer zuerst. Am Schreibtisch sitzen und sich anderen Dingen widmen? Das geht überhaupt nicht.

FREUNDSCHAFT (ZEITWEISE) GEKÜNDIGT

Katzen sagen es unverblümt, wenn etwas nicht nach ihrem Kopf geht, wenn sie beleidigt oder eifersüchtig sind oder sich übergangen fühlen.

Wegdrücken mit der Pfote: »Schluss mit Schmusen!«

Für Streicheleinheiten sind alle Katzen empfänglich, und die meisten lassen sich auch gern auf den Arm nehmen. Doch irgendwann hat jede genug und möchte heruntergelassen werden. Die ersten Signale fallen dezent aus:

Offizielle Einladung zur Streichelstunde. Lautes Schnurren und das Präsentieren der Bauchseite kann ja wohl niemand missverstehen.

das leichte Zucken des Schwanzes, ein »umwölkter« Blick. Beachtet der Mensch diese Unmutszeichen nicht, drückt sich seine Katze mit den Vorderbeinen kräftig von ihm ab, die Mimik und der wild peitschende Schwanz machen unmissverständlich klar, dass mit ihr nicht mehr gut Kirschen essen ist. Fruchtet auch das nicht, bedient sich die Katze in der Regel »schlagender Argumente«, nachhaltig unterstützt von den ausgefahrenen Krallen und einem böse klingenden Fauchen.

Eifersucht tut nicht gut: »Wer spielt hier die erste Geige?«

Katzen sind Gewohnheitstiere, für die alles gut und schön ist, solange sich nichts ändert. Das betrifft nicht nur das Wohnumfeld, sondern auch die menschliche Familie und die Tiere, mit denen die Katze unter einem Dach lebt. Kommen ein Baby, ein neuer Lebensgefährte der Katzenhalterin oder ein neues Heimtier ins Haus beanspruchen sie Zuwendung und Zeit. Oft genug fühlt sich die Katze in solchen Situationen zurückgesetzt und vernachlässigt und reagiert eifersüchtig auf den Familienzuwachs. Ihr Verhältnis zur Bezugsperson kühlt merklich ab, sie widersetzt sich Annäherungsversuchen zum Teil aggressiv und lässt sich kaum mehr blicken. Katzen mit Auslauf kommen oft mehrere Tage nicht nach Hause. Typische Protestreaktionen: Unsauberkeit und Futterverweigerung (→ Therapie, Seite 111).

Schwer beleidigt: »Mit dir spreche ich nie mehr!«

Alle freuen sich nach dem Urlaub aufs Wiedersehen mit der Katze. Doch die zeigt ihnen nur die kalte Schulter, von einem begeisterten Empfang kann nicht die Rede sein. Katzen sind relativ schnell indigniert, und Situationen, in denen sie beleidigt reagieren, gibt es reichlich:

Entzug von Gewohnheitsrechten wie Schlafen im Bett und nächtlichem Ausgang, plötzliche Futterumstellung oder Wegfall gemeinsamer Spielstunden. Die beleidigte Katze wendet sich ab, setzt sich demonstrativ mit dem Rücken zur Familie und »überhört« jeden einschmeichelnden Ruf. Anders als bei Eifersüchteleien spielt sie die beleidigte Leberwurst aber nur für kurze Zeit. Irgendwann bricht ein Leckerli das Eis, und alles ist wieder gut.

FREMD, ÄNGSTIGEND UND VERWIRREND

Ob Ihr Stubentiger ein Löwenherz hat oder ein Hasenfuß ist, finden Sie oft erst in einer Situation heraus, die ihm fremd ist.

Scheu vor Besuchern: »Ich bin dann mal weg!«

Wächst die Katze in einem behüteten Umfeld auf, wo sie fast nur Kontakt zu vertrauten Menschen hat, gerät sie beim Anblick fremder Personen nicht selten in Panik, verkriecht sich in einer unzugänglichen Ecke und lässt sich selbst nach dem Ende des Besuchs lange Zeit nicht blicken. Mit einer Kennenlern-Therapie bekommt man die Scheu relativ schnell in den Griff (→ Seite 110).

Umzug in die neue Wohnung: »Hier bleibe ich keine Minute!«

Drama, Weltuntergang, Chaos! Ein Umzug bedeutet den Verlust des vertrauten Heimatreviers und stürzt jede Katze in totale Verwirrung. Ablehnung und Protest können sich in Unsauberkeit, Futterverweigerung, aggressivem Verhalten und Weglaufen äußern. So verkraftet die Katze den Wohnungswechsel am besten: Sie bleibt in der alten Wohnung in einem Zimmer, das erst zuletzt geräumt wird, und zieht dann im neuen Domizil in einen Raum ein, der bereits weitgehend eingerichtet ist und wo sie vom Trubel des Umzugs möglichst wenig mitbekommt.

- Nach dem Umzug sollten auch Katzen, die vorher nach draußen durften, so lange im Haus bleiben, bis sie sich ans Leben in ihrem neuen Zuhause gewöhnt haben.

Katze allein zu Haus: »Langeweile ist das Schlimmste!«

Vier Stunden war sie solo, doch die verwüstete Wohnung sieht so aus, als hätte sie gemeinsam mit zig Artgenossen eine Orgie gefeiert. Ausgebuddelte Blumenerde, zerfledderte Kissen, außer Form geratene Gardinen erfreuen nicht unbedingt das Herz der Hausfrau. Die meisten Katzen verhalten sich sittsam, wenn sie für begrenzte Zeit (maximal 4 bis 5 Stunden) allein im Haus sind und nutzen die Abwesenheit des Halters für eine ausgiebige Siesta. Langeweile produziert schnell dumme und destruktive Gedanken. Daher geht es nicht ohne Spiel- und Beschäftigungsangebote.

- Akzeptiert Ihre Katze das Alleinsein nicht, kann eine zweite Katze Abhilfe schaffen.

Verhaltenssymptome der kranken Katze
Es ist typisch für Katzen, dass sie körperliche Schwäche und Krankheit möglichst lange verbergen. Daher muss man auch kleine Verhaltensauffälligkeiten der Stubentiger ernst nehmen. Anzeichen einer Erkrankung können Apathie, Unruhe, Schreckhaftigkeit, Verkriechen, aggressives Verhalten, Bewegungsunlust, Abwehrreaktion beim Anfassen, Futterverweigerung, übermäßiges Trinken, Meidung der Toilette und vieles mehr sein. Bleibt die Verhaltensänderung länger als 24 Stunden bestehen oder verschlimmert sie sich noch, gehört die Katze umgehend in die Hand des Tierarztes.

So machen Sie Ihrer Katze klar, was Sie von ihr wollen

So fängt Freundschaft an: Junges Leben kommt ins Haus

Die Katze ist unser beliebtestes Heimtier. Sie gehört zur Familie und ist Singles wie Senioren eine unverzichtbare Partnerin. Wer so eng mit ihr zusammenlebt, spricht auch mit ihr und lässt sie an seinem Alltag und seinen Gefühlen teilhaben. Um sich zu verständigen und zu verstehen, braucht es dabei weder große Gesten noch viele Worte, nur ein bisschen Geduld, Aufmerksamkeit und Einfühlungsvermögen.

Wahrscheinlich tun es alle. Aber nur wenige geben es zu. Wenn Katzenbesitzer mit ihrer kleinen Hausfreundin sprechen, beschränkt sich das nicht auf »Fressen ist fertig!« oder »Du sollst doch nicht auf den Tisch!«, vielmehr erzählt man seiner Katze, wie der Tag gewesen ist, was schön, bedrückend oder traurig war. Offenbar ist aber manchen Zeitgenossen die Tatsache peinlich, dass sie sich einem Tier anvertrauen. Zumindest bekennt sich nicht jeder zu seinen »Katzengesprächen« oder gesteht es erst auf mehrfache Nachfrage.

Dass Katzen dem Menschen guttun, ist keine neue Erkenntnis. Ihr freundliches und geduldiges Wesen prädestiniert sie unter anderem für die begleitende Therapie gehandicapter und kranker Menschen (→ Seite 98), älteren und vereinsamten Menschen kann ihre Nähe Mut machen und neuen Sinn geben (→ Seite 99).

Kleiner Angsthase in einer fremden Welt. Am Anfang ist alles ganz schlimm, aber schon bald siegen Neugier und Entdeckerlust.

Die Wärme und wohltuende Aura einer Katze spürt jeder, der mit ihr zusammenlebt. Katzen beruhigen und entspannen, sie geben dem Zuhause eine behagliche Atmosphäre, lenken von Alltagsproblemen ab und können vor allem in kritischen Lebenssituationen Stress mindern und so die Gesundheit des Menschen stabilisieren. In diesem Sinn haben auch die »Katzengespräche« einen positiven Effekt, weil man sich bei einer geduldigen Zuhörerin alles »von der Seele reden« kann.

WIE SOLL SIE SEIN, MEINE TRAUMKATZE?

Die Bilder, wie das Leben mit Katze aussehen könnte, hat jeder Katzenfreund schon lange vor dem Kauf im Kopf. Damit die Realität nicht allzu sehr von Ihren Wunschvorstellungen abweicht, sollten Sie bei Ihrer Entscheidung die folgenden Punkte berücksichtigen:

Jung oder erwachsen? Ein Kätzchen aufwachsen zu sehen ist für jeden Katzenhalter ein unvergessliches Erlebnis. Die junge Katze zieht im Alter von 12 bis 14 Wochen bei Ihnen ein

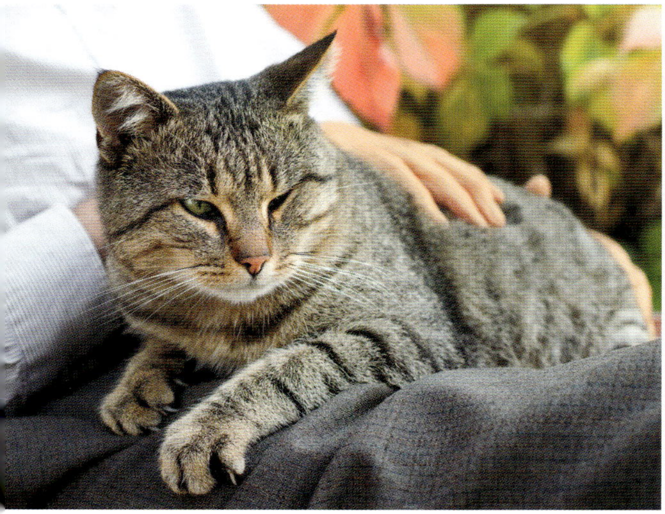

Vertrauen ist ein Platz auf dem Schoß: In der blauen Stunde lässt sich Zweisamkeit und Nähe entspannt genießen.

und verlangt viel Zuwendung und Zeit. Urlaub gestrichen heißt das für die ersten Wochen. Schon vor dem Kauf – ob beim Züchter oder von privat – lernen Sie meist die Katzenmutter kennen. Ihr Verhalten und ihre Gewohnheiten liefern Ihnen ein paar Anhaltspunkte, wie ihr Nachwuchs sich entwickeln könnte.

Die erwachsene Katze ist aus dem Gröbsten heraus und muss nicht mehr »gepampert« werden. Doch sie hat eine Vergangenheit, die man oft nicht kennt, und Gewohnheiten, die das Zusammenleben oder zumindest die Eingewöhnungszeit eventuell erschweren.

- Bei Tierheimkatzen weiß das Pflegepersonal in vielen Fällen, woher sie kommen, wie sie gehalten wurden und welche Persönlichkeitsmerkmale sie besitzen.

Kätzin oder Kater? Die meisten Weibchen wollen immer dabei sein und alles ganz genau wissen. Dauerpräsenz und Redelust können manchmal nerven. Doch ihr liebevolles, anhängliches Wesen lässt das schnell vergessen. Kater gehen alles ruhiger an. Hektik ist ihnen fremd, am liebsten soll jeder Tag gleich ablaufen. Ein Outdoor-Kater ist gern und oft auf der Walz und kommt nicht unbedingt jedes Mal auf die Minute pünktlich nach Hause.

- Katzen sind eigenständige Persönlichkeiten mit individuellen Charaktereigenschaften. Es gibt daher auch Kätzinnen, die so ruhig und still sind, dass man sie kaum bemerkt, und Kater, die ihrem Halter nicht von der Seite weichen und ihm ständig brabbelnd in den Ohren liegen.

Mix oder Rasse? Mehr als 11 Millionen Katzen leben in deutschen Haushalten, die weitaus meisten sind rasselose Tiere. Im Gegensatz zu ihnen entsprechen Rassekatzen einem Rassestandard, in dem ihr Erscheinungsbild, aber auch Wesensmerkmale vorgegeben sind. Unterschiede im kätzischen Verhalten gibt es zwischen Rasse und Mix nicht, auch eine Rassekatze jagt erfolgreich Mäuse – so man es ihr gestattet. Wer sich für eine Katzenrasse interessiert, wünscht sich ein bestimmtes Äußeres und will möglicherweise mit seiner Katze züchten und sie auf Shows vorstellen.

- In puncto Kommunikationsbereitschaft und Gesprächigkeit gibt es unter den Rassekatzen zum Teil recht deutliche Unterschiede (→ Wer spricht denn da?, Seite 70–71).

Robust und familientauglich? In einer Familie geht es nicht immer geruhsam zu, besonders wenn der Nachwuchs im Rabaukenalter ist. Dem muss die Katze gewachsen sein. Sie sollte damit zurechtkommen, wenn es ab und zu laut und hektisch zugeht, sie muss sich mit unterschiedlichen Bezugspersonen arrangieren und natürlich Kinder mögen.

Mehr Leben für die Single-Bude? Die Single-Katze genießt als Vertraute ihres Menschen eine Vorzugsstellung. Sie ist verschmust und verspielt, darf auch gesprächig sein, hört ihm aufmerksam zu und bleibt für ein paar Stunden allein, wenn ihr Besitzer außer Haus ist.

Partnerin für Senioren? Eine Katze kann für ältere Menschen ein wahrer Jungbrunnen sein. Die Senioren übernehmen bereitwillig die Verantwortung für ihre Schutzbefohlene und schätzen ihr ruhiges und geduldiges Naturell. Geeignet sind Katzen, die körperliche Nähe akzeptieren, eine leise Stimme haben, nicht übermäßig redefreudig sind und keinen allzu großen Bewegungsbedarf haben, was sie zur Wohnungshaltung prädestiniert.

KENNENLERNEN OHNE VIELE WORTE

Alles im grünen Bereich: Die Wohnung ist katzengerecht ausgestattet, Gefahrenquellen sind beseitigt, Katzenkorb und Katzentoilette, Futter- und Wassernapf stehen parat. Die neue Katze kann kommen. Ganz fremd ist sie Ihnen ja nicht mehr, Sie haben sie bereits vorher in Augenschein genommen: die junge Katze beim Züchter, die ältere Katze in ihrem vertrauten Umfeld. Der Tag des Einzugs ist ein wichtiger Tag, da schon heute die Weichen für eine glückliche Partnerschaft gestellt werden.

Angst macht sprachlos

Am Anfang ist das Wort. Das mag für uns gelten, nicht aber für eine Katze in unbekannter Umgebung. Sie gibt keinen Laut von sich. Zu groß ist die Angst vor den fremden Menschen, der fremden Wohnung, den fremden Gerüchen und Geräuschen. Und niemand ist da, der sie beschützt.

Für das Kätzchen sind die ersten 24 Stunden am schwersten

Die kleine Katze hat ein behütetes Leben geführt, mit Mama, den Geschwistern und der Menschenfamilie, die ihr ans Herz gewachsen ist. Und pötzlich ist alles vorbei. Es braucht Zeit und Geduld, bis das Eis gebrochen ist und das verunsicherte Katzenkind auf erste, behutsame Kontaktversuche reagiert.

Am liebsten unsichtbar Die Körpersprache der jungen Katze verdeutlicht ihre namenlose Furcht: Sie macht sich so klein wie möglich und kauert sich bewegungslos und ohne einen Laut von sich zu geben, ganz hinten in ihre Box. Am liebsten wäre sie unsichtbar.

Zu früh für Gespräche Auch wenn es schwer fällt, weil man gerne wissen möchte, wie sie so ist, die neue kleine Katze: Nehmen Sie jetzt noch keinen Kontakt mit dem Kätzchen auf. Stellen Sie ihm ein paar Futterhäppchen und eine Schale mit Wasser neben den Katzenkorb und verlassen Sie das Zimmer. Wenn es sicher ist, dass niemand hereinkommt, wird es etwas trinken, nach der großen Aufregung aber bald erschöpft einschlafen.

Leckerli am langen Arm Werfen Sie nach zwei bis drei Stunden einen Blick ins Zimmer, um das Kätzchen leise anzusprechen und ihm mit ausgestrecktem Arm ein Futterhäppchen anzubieten. Bleiben Sie auf Distanz. Wahrscheinlich flüchtet es sofort in den Korb oder versteckt sich unter dem Schrank. Auch Rom

INFO

Kätzinnen sind oft echte Zicken

Zieht ein Kätzchen bei einer erwachsenen Katzendame ein, reagiert die nicht selten ablehnend, zum Teil auch aggressiv. Es braucht Zeit, bis die Kätzin den Zickenaufstand beendet. Kater verhalten sich einer Jungkatze gegenüber viel toleranter.

wurde nicht an einem Tag erbaut: Wiederholen Sie Ihre Offerte zu einem späteren Zeitpunkt.

Ein großer Schritt für eine kleine Katze Sie wird irgendwann ihr Herz in die Pfoten nehmen, sich zögernd nähern, am Futter schnuppern und es mit den Zähnen packen. Sprechen Sie dabei mit leiser Stimme zu ihr.

- Solange das Kätzchen noch fremdelt, sollten Sie bei jeder Kontaktaufnahme in die Hocke oder auf die Knie gehen und sich auch nicht unvermittelt vor ihr erheben. Allein die Größe des stehenden Menschen schüchtert eine Katze ein, was ihre Furcht vor Personen, denen sie noch nicht völlig vertraut, zusätzlich verstärkt.
- Bieten Sie der Katze in den ersten Nächten einen Schlafplatz neben Ihrem Bett an, oder stellen Sie den Katzenkorb ins Nachbarzimmer, damit Sie hören, wenn das Tier unruhig wird.

Schnuppergespräch mit der erwachsenen Katze

Auch eine erwachsene Katze wird von der fremden Umgebung zunächst eingeschüchtert. Ob sie darüber hinaus trotzig oder aggressiv-abweisend auf Ihre Kontaktversuche reagiert, hängt wesentlich von den Erfahrungen ab, die sie mit ihren Vorbesitzern gemacht hat. Eine Katze, die schon durch mehrere Hände ging und immer wieder abgeschoben wurde, bleibt auf Distanz, und es kann lange dauern, bis sie Vertrauen zu Ihnen aufbaut.

In dieser Trotz- und Ablehnungsphase wird sie ganz besonders auf ihren bisherigen Gewohnheiten beharren, da sie ihr etwas Sicherheit vermitteln. Das betrifft die Vorliebe für ein bestimmtes Futter, für die Schlafgewohnheiten, aber auch für ihre gewohnte Toilettenstreu.

- Erkundigen Sie sich beim Vorbesitzer (oder im Tierheim) nach den Angewohnheiten und Vorlieben Ihrer Katze, um ihr die schwierigen ersten Tage zu erleichtern.
- Bedrängen Sie die Katze nicht, solange sie Ihre Annäherungsversuche ablehnt. Trotz aller Distanz beobachtet sie doch jeden Schritt, den Sie tun, und schreibt Ihr unaufdringliches und ausgeglichenes Verhalten dem (anfangs leeren) Vertrauenskonto gut.
- Auch für eine Katze, die vorher Freigang hatte, gilt: Kein Auslauf in den ersten Wochen. Solange sie sich noch nicht eingewöhnt hat, ist das Risiko zu hoch, dass sie wegläuft.
- Die Eingewöhnungszeit ist kein Freiraum, in dem Fehlverhalten großzügig akzeptiert wird. Auch Tabuzonen wie das Schlafzimmer gelten für die Neue von Anfang an.

Erst wenn die Katze sich in ihrem neuen Zuhause eingelebt hat und wohlfühlt, darf sie auch die Welt vor der Haustür erkunden.

Alles fürchterlich aufregend! Für einen kleinen Naseweis gibt es ständig etwas zu entdecken und auszuprobieren. Kleinteile, spitze und scharfe Gegenstände müssen außer Reichweite sein.

Warum eigentlich nicht gleich zwei Katzen?

»Zwei Katzen? Die machen viel zu viel Arbeit, dafür fehlt mir einfach die Zeit!«, wehren selbst Katzenfreunde ab. Doch die Alltagspraxis sagt etwas anderes: Die beiden Stubentiger sind sich oft selbst genug, beschäftigen sich miteinander, gehen zusammen auf Entdeckungsreisen und kuscheln gemeinsam im Katzenkorb.

- Ideal sind Wurfgeschwister, zum Beispiel Bruder und Schwester. Disharmonien stellen sich bei den beiden so gut wie nie ein. Den Termin für die Kastration des Katers nicht vergessen (→ Seite 63), weil sonst bald unerwünschter Nachwuchs ins Haus steht.
- Jede Katze hat ein eigenes Essgeschirr, ihren privaten Schlafplatz und ihre Toilette. Bei den Spielsachen teilt man brüderlich.
- Zwei Katzen darf man in einer katzengerecht eingerichteten Wohnung ohne Gewissensbisse für ein paar Stunden allein lassen. Spiel- und Beschäftigungsangebote sind natürlich Pflicht.
- Manche Katzenhalter in spe gehen davon aus, dass sich zwei Katzen weniger eng dem Menschen anschließen. Das ist falsch: Für eine Hauskatze kommt die menschliche »Obermutter« immer an erster Stelle, wie groß auch die Liebe zur Mitkatze ist. Meist buhlen beide Katzen darum, vom Halter bevorzugt zu werden. Worauf der nicht eingehen darf, wenn er Eifersüchteleien (→ Seite 111) vermeiden will.

Düfte, die Ihrer Katze das Miteinander leichter machen

Wie wir orientieren sich Katzen in erster Linie optisch. Trotzdem spielen Gerüche in ihrem Leben eine wichtige Rolle, nicht nur bei der Kontaktaufnahme mit Artgenossen und dem Menschen, sondern auch in der Wohnung und im Revier. Da wir nur über ein vergleichsweise eingeschränktes Sensorium verfügen, bleibt uns die Geruchswelt der Katze weitgehend verschlossen. Das hat zur Folge, dass wir nur selten bemerken, welche Düfte sie wahrnimmt und wie sie darauf reagiert.

- In der Wohnung, dem Revier 1. Ordnung, markiert die Katze Einrichtungsgegenstände, indem sie Kopf und Körper daran reibt und so Duftstoffe überträgt. In gleicher Weise wird auch der Mensch geruchsmarkiert. Die Duftmarken weisen die Objekte quasi als ihren Privatbesitz aus. Sie signalisieren der Katze Heimat und Geborgenheit. Eine Wohnung, die in kurzen Abständen und eventuell sogar mit chemischen Mitteln gereinigt wird, ist für die Katze ein Albtraum und setzt sie unter großen Stress. Nach der Säuberungsaktion sind die Räume »unbekanntes Gebiet« für sie, das erst wieder markiert werden muss. Auf Dauer leidet die Psyche der verunsicherten Katze, und es kann zu Verhaltensauffälligkeiten und Protestreaktionen wie Unsauberkeit kommen.
- Der Eigengeruch vertrauter Personen ist für die Katze ein Wiedererkennungsmerkmal. Wird diese Duftnote durch andere Gerüche überlagert, reagiert die Katze häufig verwirrt, wenn sie an Ihnen schnuppert oder Sie ihr Fell berühren (→ Tabelle, Seite 87). Das gilt auch, wenn Sie gerade eine andere Katze oder einen fremden Hund gestreichelt oder in der Küche mit scharfen Gewürzen oder Zitrusfrüchten hantiert haben.

Nicht das Was, sondern das Wie bestimmt die Unterhaltung

Die Katze ist eine fantastische Zuhörerin, geduldig und aufmerksam. Natürlich versteht sie nichts von alldem, was wir ihr erzählen, aber sie spürt doch, worum es geht. Wenn wir uns unterhalten, zählt vor allem die Information, das gesprochene Wort. Eine Katze achtet hingegen sehr genau auf Stimmlage und Tonfall und registriert seismografisch jede noch so kleine Erregung, jeden traurigen oder zornigen Unterton in der Stimme. Im Dialog mit ihr

Zurück von der ersten Expedition in die neue Welt. Die eigene »Haustür« macht Freigänger unabhängig vom zweibeinigen Türöffner.

kommt es daher auch auf vermeintliche Kleinigkeiten an, die neue Katzenhalter nicht selten vernachlässigen. Die »7 Punkte für den perfekten Katzenflüsterer« (→ Tabelle, Seite 87) sind die Basis der erfolgreichen Verständigung mit Ihrer Katze.

Ihr persönlicher Sprachkatalog schützt vor Missverständnissen

Katzen sind Gewohnheitstiere, jede Veränderung geht ihnen gegen den Strich. Das gilt für ihr Lebensumfeld, für ihren Tagesablauf und für die Kommunikation mit dem Menschen.

- Um eine Katze zu bestimmten Verhaltensweisen zu animieren und Missverständnisse zu vermeiden, müssen Zeichen- und Lautsignale mit positiven Situationen oder Handlungen verknüpft sein. Das gilt besonders für ihren Rufnamen (→ Seite 86), den Sie nie benutzen dürfen, wenn Sie die Katze tadeln.
- Sprechen Sie Ihre Katze in ruhigem Tonfall und mit leiser, einschmeichelnder Stimme an, und unterstützen Sie das Lautsignal mit Gesten und durch Ihre Körperhaltung. Betonen Sie die Vokale oder ziehen Sie sie in die Länge: »Ganz feeeiiin!«, »Kooomm!«, »Schööön gemacht!«.
- Behalten Sie Gesten und Lautgebung von Anfang an unverändert bei, und frischen Sie die Verknüpfung mit der entsprechenden Situation regelmäßig auf.
- Sprechen Sie die Katze nicht an, wenn Sie erregt sind oder andere Dinge im Kopf haben und sich nicht auf sie konzentrieren können.
- Gehen Sie in die Hocke, wenn Sie die Katze rufen und wollen, dass sie herbeikommt. Auf diese Weise erringen Sie ihre Aufmerksamkeit am leichtesten.
- In den meisten Fällen wird ein einzelnes Wort ausreichen, um sich bei der Katze Gehör zu verschaffen. Bei regelmäßigem Training reagiert sie aber auch auf Lautsignale, die aus mehreren Wörtern bestehen, wie »Jetzt gibt's Futter!« oder »Sheila, komm!«. Legen Sie auch hier die Betonung auf bestimmte Vokale.
- Achten Sie darauf, dass Ihr Sprachkatalog keine Signale enthält, die ähnlich klingen und von der Katze missverstanden werden können, wie zum Beispiel »Nein!« und »Fein!«.
- Auch eine Katze benimmt sich manchmal daneben oder versucht hartnäckig ihren Dickkopf durchzusetzen. Geringfügige Vergehen tadelt man meist mit Worten und begleitenden Sichtzeichen. Auch hier geben Stimmlage und Tonfall den Ausschlag. Nur wenn die Sünderin sich verweigert und uneinsichtig zeigt, darf es auch mal ein Nasenstüber oder das Anpusten ihres Gesichts sein.
- Beschränken Sie die Zahl der Signale Ihres persönlichen Sprachkatalogs auf ein überschaubares Maß, die inflationäre Verwendung ständig neuer Wörter verwirrt die Katze, und Sie selbst verlieren den Überblick. Üben Sie täglich ein paar Minuten mit ihr, um einzelne Lautverknüpfungen zu festigen.

Mmmhh, das sieht verlockend aus. Offenbar wartet etwas Leckeres auf die kleine Katze. Ihre Zunge ist schon einsatzbereit.

Das kann doch (fast) jede: Für die gewitzte und sportlich versierte Wohnungskatze ist das Türöffnen eine ihrer leichtesten Übungen.

DIE SCHÖNSTEN NAMEN FÜR IHRE KATZE

Natürlich kann man seinen Stubentiger einfach »Katze« nennen, doch fast jeder Halter wählt einen Namen, der gut zur Katze passt oder ihm selbst am besten gefällt. Die üblichen Verdächtigen wie »Minka«, »Peter«, »Mohrle« oder »Mausi« haben klar die Nase vorn, aber es darf auch ausgefallener sein. Ihren Rufnamen muss die Katze mit einer angenehmen Situation (Füttern, Schmusen, Spielen) verbinden, sonst überhört sie ihn schlichtweg. Zweisilbige Namen mit den hellen Vokalen »a« und »i« eignen sich besonders gut. Behalten Sie den einmal gewählten Namen bei, und rufen Sie die Katze auch nicht beim Kosenamen, der Ihnen irgendwann in den Sinn kommt. Die Namen von zwei oder mehr Tigern im Haus müssen sich deutlich unterscheiden.

- Mit ein paar Belohnungshäppchen in der Lernphase sorgen Sie dafür, dass Ihre Katze beim Ruf des Namens die Ohren spitzt und im gestreckten Galopp zu Ihnen kommt.
- Der Name einer Rassekatze gibt Auskunft über ihre Zuchtstätte. Als Alltagsnamen eignen sich adlige Titel wie »Dolly von der Eulenburg« allerdings weniger. Also erhält auch der Rassenachwuchs ganz normale Rufnamen.

Welcher Name passt zu wem?

Viele Katzenbesitzer wünschen sich, dass der Name ihres Lieblings seine Persönlichkeit, einen besonderen Wesenszug oder ein körperliches Merkmal wie die Fellfarbe widerspiegelt. Für eine große Maine Coon passt »Big Mac« oder »Maxi« sicher besser als »Peterle«, und mit »Mohrchen« und »Othello« liegt man bei einer pechschwarzen Katze nicht falsch. Natürlich können Sie den Spieß auch umdrehen und zum Beispiel ein schmächtiges, eher scheues Katerchen »Rambo« nennen.

Für bodenständige Stubentiger

Adele, Alfons, Babsi, Carlo, Charles, Detlef, Eugen, Flo, Grace, Herbert, Jakob, Lucy, Lucky, Mäxchen, Oskar, Penelope, Roxy, Socke, Trixie

Für die Diva mit dem exotischen Flair

Callas, Cleopatra, Coco, Cosima, Evita, Helena, Lolita, Madonna, Marilyn, Marlene, Soraya

Für kulturell und historisch gebildete Katzen

Barbarossa, Churchill, Drosselbart, Frau Holle, Ganghofer, Goethe, Hamlet, Mephisto, Mozart, Quasimodo, Rilke, Ringelnatz, Scarlett

Für Film- und TV-süchtige Miezen
Bardot, Belmondo, Django, Garbo, Hitchcock, Quax, Rosebud, Pumuckl, Rocky, Tootsie

Für witzig-originelle Charaktertypen
Agatha, Anastasia, Brötchen, Chiquita, Fräulein Meyer (Rufname Meyer), Garfield, Gipsy, Mac, Herr Schmidt (Rufname Schmidt), Loreley, Lüdenscheid, Maggi, Manta, Mahjongg, Onkel Albert (Rufname Albert), Minimac, Schiwago, Sir Henry (Rufname Henry), Tante Elli (Rufname Elli), Tante Wilma (Rufname Wilma), Mogli, Puma, Opel, Citroën

Wenn's farblich zum Fell passen soll
Bianca, Blondie, Flavia, Karotte, Möhrchen, Othello, Ruby, Rufus, Rotkäppchen, Schneeweißchen, Schoko, Sienna, Velvet, Whisky

Für Weltenlenker
Castro, Dante, Genscher, Kennedy, Nofretete, Napoleon, Mao, Montezuma, Onassis, Trotzki, Wehner, Winnetou

Für die großen Aufreißer
Casanova, Dracula, Elvis, Ferrari, Luzifer, Maserati, Mercedes, Nikolaus, Popeye, Porsche, Rambo, Rumpelstilzchen, Sinatra, Zorro

Für Entdeckertypen
Attila, Dschingis, Geronimo, Hannibal, Humboldt, Kolumbus, Kepler, Kopernikus, Marco Polo, Nemo, Newton, Sir Francis

Für die ganz Schlauen
Archimedes (Rufname Archie), Edison, Einstein, Nietzsche, Sherlock, Sokrates, Voltaire

7 Punkte für den perfekten Katzenflüsterer

Wenn Sie diese Regeln beherzigen, werden Sie sich mit Ihrer neuen Katze gut verstehen.

1. In den ersten Tagen sollte sich nur ein Ansprechpartner um die neue Katze kümmern.

2. Die Katze gewöhnt sich leichter an Sie, wenn Sie anfangs immer dasselbe Kleidungsstück tragen, zum Beispiel Jacke oder Pullover. Keine Kopfbedeckung bitte!

3. Benutzen Sie in dieser Zeit kein Parfum, Duft- oder Rasierwasser. Katzen erkennen ihren Menschen auch an seinem individuellen Geruch.

4. Nehmen Sie sich Zeit fürs Gespräch. Unruhe und Hektik übertragen sich auf die Katze.

5. Sprechen Sie nur dann mit Ihrer Katze, wenn sie hellwach, ausgeglichen und aufmerksam ist. Tabu sind ihre Siesta und die Zeit nach der Fütterung.

6. Schulunterricht findet in vertrauter Umgebung statt, wo die Katze nicht abgelenkt ist. Wenn noch andere Katzen im Haus leben, müssen sie so lange draußen bleiben.

7. Sprechen Sie auf Augenhöhe mit der Katze, aber schauen Sie ihr nicht in die Augen.

Was für andere nur ein schnöder Umzugskarton ist, wird für den Stubentiger zum heiß geliebten Zweitwohnsitz, von dem aus man alles im Blick hat, aber selbst nicht gesehen wird.

Für Schmusekätzchen
Alibaba, Bijou, Bambino, Bärchen, Biene, Fina, Candy, Felicitas, Gretchen, Krümel, Mäuschen, Minou, Gigi, Püppi, Pussy, Seppi, Sissi, Tiffany

Für Genießer
Avocado, Bacardi, Caipirinha, Cappuccino, Ganabana, Joghurt, Kiwi, Limo, Mango, Pepino, Ramazotti, Sambuca, Pizza, Wodka

Für Katzenpärchen
Bonnie & Clyde, Fix & Foxi, Daisy & Donald, Pepsi & Cola, Hänsel & Gretel, Romeo & Julia, Porgy & Bess, Pünktchen & Anton, Samson & Delilah, Sonny & Cher, Tarzan & Jane, Tristan & Isolde, Venus & Adonis

Senioren-Sprechstunde

Katzen bleiben über viele Jahre fit. Wenn sich dann doch erste Alterssymptome einstellen, versucht die Katze sie so lange wie möglich zu überspielen. Wer Schwäche zeigt, hat schlechte Karten. Das gilt zwar in erster Linie für die wild lebende Verwandtschaft, aber auch ein Wohnungstiger hält sich an diese Devise.
Die ältere Katze spürt, dass ihre Reaktionen und Kräfte nachlassen. Sie bewegt sich weniger geschmeidig, klettert und springt nur noch ungern, erschrickt manchmal, wenn man sich ihr leise oder von hinten nähert, geht seltener nach draußen und braucht mehr Schlaf und Wärme als früher.

Sehkraft und Gehör der Katze können ab ca. dem 10. Lebensjahr nachlassen. Im vertrauten Umfeld und im Revier findet sich die Katze aber nach wie vor bestens zurecht. Neben den längeren Ruhephasen fallen dem Halter zuerst ihre etwas verzögerten Reaktionen auf, wenn er sie anspricht oder beim Namen ruft.

- Nähern Sie sich der Seniorin von vorn, damit sie rechtzeitig erkennt, wer auf sie zukommt, und nicht vor Schreck abweisend reagiert.
- Zeigen Sie sich altersbedingten Eigenheiten gegenüber möglichst tolerant. Genehmigen Sie Ihrer Katze zum Beispiel – zumindest zeitweise – den Lieblingsruheplatz, selbst wenn das bis dato Ihr TV-Sessel war.
- Ältere Katzen verlangen sehr viel Zuspruch und hängen oft wie die Klette an ihrem Halter, was dessen Bewegungsfreiheit einschränken kann. Durchforsten Sie Ihren Tagesplan, ob sich nicht das eine oder andere Schmusestündchen zusätzlich unterbringen lässt.
- Mehr als jüngere Artgenossen neigen Oldies zu plötzlichen, oft widersprüchlichen Aktivitäten: Die Katze steht vor der Verandatür und fordert lautstark Auslauf. Drei Minuten später will sie – ebenso unüberhörbar – wieder ins Haus. Dieses und ähnliche Spielchen können sich mehrfach wiederholen. Wo die Grenze ist, entscheiden Sie und Ihr Langmut.
- Bisher war in der Beziehung zur zweiten Katze im Haus alles eitel Sonnenschein, doch nun ist der Ton rauer geworden. Immer öfter verhält sich die ältere der jüngeren gegenüber aggressiv und versucht so zu kaschieren, dass sie mit ihr nicht mehr mithalten kann. Bieten Sie der Seniorin Rückzugsplätze, wo sie von der jüngeren Kollegin nicht bedrängt wird.
- Die Siesta Ihrer Katze sollte Ihnen immer heilig sein. Das gilt bei älteren Semestern ganz besonders. Viele Oldies reagieren äußerst unwirsch, wenn man sie aus dem Schlaf reißt.

Alle sprechen eine Sprache

Um die neue Katze nicht zu verwirren, wird sie in den ersten Tagen vor allem von der Person betreut, die auch später für sie verantwortlich ist. In der Familie, aber auch in Single-Haushalten kommen jedoch nach und nach andere Bezugspersonen hinzu, mit denen die Katze regelmäßig Kontakt hat. Sie alle sollten im Gespräch mit ihr möglichst die gleichen Laut- und Sichtzeichen benutzen und sich auch darüber einig sein, was der Katze erlaubt und was für sie tabu ist.

Zieht eine zweite Katze ein, ist das für die Katze des Hauses ein Drama. Viel Liebe und Zuwendung helfen ihr über die schwere Zeit.

Die besten Wege zu einer harmonischen Partnerschaft

Partnerschaft wird von beiden Seiten gelebt. Geben Sie Ihrer Katze zu verstehen, was Sie von ihr erwarten. Katzen sind Anpassungskünstler und zu vielen Kompromissen bereit. Sie erwarten aber auch, dass der Mensch ihre wichtigsten Ansprüche befriedigt und ihre arttypischen Verhaltensweisen respektiert. Sind Sie dazu bereit und in der Lage? Dann stehen die Zeichen auf Grün für eine glückliche Lebensgemeinschaft.

Katzen sind selbstbewusste Tiere, die über ihre Handlungen in eigener Regie bestimmen. Sie passen sich dort an, wo sie es für notwendig erachten oder wo es ihnen Vorteile bringt. Anpassen bedeutet jedoch nicht, sich unterzuordnen oder Anweisungen auszuführen, ohne sie zu hinterfragen. Der Rudelgehorsam des Hundes ist Katzen völlig fremd.

Eine Katze geht immer davon aus, dass jeder ihrer Wünsche ernst genommen und möglichst sofort erfüllt wird. Sie würde nie auf die Idee kommen, dass ihr Besitzer mit anderen Dingen beschäftigt ist und ihr Ansinnen nicht mit oberster Priorität behandelt. Verständlicherweise verträgt es sich mit ihrem Weltbild überhaupt nicht, wenn sie sich in der Partnerschaft wie das fünfte Rad am Wagen fühlt. Ob in Familie oder Single-Beziehung: Eine Katze sitzt immer in der ersten Reihe.

Wir sind hier zu Hause … und danke der Nachfrage: Uns geht es gut, wir haben alles, was ein Katzenherz sich nur wünschen kann.

PARTNERSCHAFT MUSS GELEBT WERDEN

Eine Partnerschaft ist allumfassend. Dazu gehört das Vertrauen, das Ihnen die Katze entgegenbringt und das mit der Zeit so intensiv wird, dass Mensch und Katze sich wie ein altes Ehepaar fast blind verstehen und keiner lange ohne den anderen sein will. Dazu gehört aber auch das katzengerechte Zuhause, das für den Stubentiger viel mehr ist als nur Schlafplatz und Futterstation. Und dazu gehört die tägliche »blaue Stunde«, wenn Mensch und Katze nur füreinander da sind, gemeinsam spielen, miteinander schmusen oder einfach beieinandersitzen und tagträumen.

Heimat, Nähe und liebevolle Berührungen

In den meisten Familien geht es morgens vor dem Aufbruch zur Arbeit und Schule hektisch zu, nicht selten auch abends, wenn die Termine für diverse Freizeitaktivitäten anstehen. Aber selbst im Chaos sollten Sie sich einen Moment

Zeit für Ihre Katze nehmen, um ihr mit der Hand übers Fell zu streichen und ihr auf diese Weise zu sagen, dass sie nicht vergessen ist.

Allein bleiben Nur wenige Katzen kommen locker zurecht, wenn sie solo in der Wohnung bleiben müssen. Häufig ist nicht die Dauer des Alleinseins das Problem, sondern vielmehr die pünktliche bzw. unpünktliche Rückkehr ihres Halters. Die Katze plant die Stunden seiner Abwesenheit in ihren Tagesablauf mit ein, hält während dieser Zeit ausgiebig Siesta, inspiziert alle Zimmer oder beobachtet, was sich vorm Fenster abspielt. Dann aber sitzt sie pünktlich auf die Minute hinter der Eingangstür und wartet, bis sich der Schlüssel im Schloss dreht. Verspätet sich ihr Besitzer ein- oder zweimal, ist das noch okay, kommt er ständig zu wechselnden Zeiten nach Hause, reagiert die Katze verärgert. Und das zeigt sie ihm auch.

Möbelkunde Ordnung geht einer Katze in ihrem Heimatbereich über alles. Jeder Einrichtungsgegenstand hat einen festen Platz. Stimmt die Topographie der Wohnung nicht mehr mit der im Gedächtnis der Katze gespeicherten Version überein, trägt das nicht zu ihrem Wohlbefinden bei. Unruhe und Verwirrung, im Wiederholungsfall aber oft auch Protest belasten dann häufig die Partnerschaft.

Sensible Geschäfte Dass die verschmutzte Einstreu täglich entfernt und die Katzentoilette mindestens einmal pro Woche gereinigt wird, versteht sich von selbst. Nachlässigkeiten bestraft Ihre Mieze mit Geschäftsverweigerung oder protestiert an anderer Stelle. Ablehnend reagieren manche Katzen auf bestimmte Streusorten, die ihnen nicht »pfotensympathisch« genug sind oder Gerüche speichern. Geruchsfrei muss die Toilette auf jeden Fall sein, was konstruktionsbedingt nicht auf jede Haubentoilette zutrifft. Die meisten Modelle sind heute jedoch mit einem Aktivkohlefilter ausgestattet, der Gerüche bindet und für saubere Luft sorgt.

Rückzugsplätze In ihren Aktivphasen steht die Katze ständig unter Strom und verbraucht sehr viel Energie. Aufgeladen wird der Akku in den Schlaf- und Ruhezeiten, die sie über den ganzen Tag verteilt. In jedem Katzenhaushalt sollte es neben dem Hauptschlafplatz mehrere Rückzugsorte geben, wo die Katze nicht gestört wird. Gut geeignet sind erhöhte Liegeplätze, die gleichzeitig als Aussichtspunkte dienen. Meist wechselt die Katze dabei regelmäßig auch zwischen kühlen und wärmeren Plätzen.

Tabuzonen Die Katze braucht Freiheiten, muss aber auch wissen, dass es Grenzen für sie gibt (→ Seite 101–112). Das gilt ebenso für die

SprechStunde

Vertrauen kann man in Metern messen

Manche Katzen begleiten ihre Familie, wenn die zu einem Spaziergang aufbricht. In Wohnungsnähe klappt das bestens. Doch dann bleiben Revier und Streifgebiet der Katze hinter ihr. In der fremden Umgebung verlässt Mieze immer mehr der Mut, sie bleibt zurück, setzt sich schließlich hin und schaut der Familie nur noch hinterher. Testen Sie doch einmal mit Ihrer eigenen Katze, wie ausgeprägt ihr Vertrauen zu Ihnen ist und wie weit sie sich auf unbekanntes Terrain wagt.

Tabuzonen in der Wohnung. Wenn die Katze nicht als Betthupferl geduldet wird, muss sie akzeptieren, dass das Schlafzimmer off limits ist. Konsequent Grenzen setzen gefährdet die Partnerbeziehung nicht, im Gegenteil: Fast immer lassen sich so Missverständnisse und Protestaktionen vermeiden.

- In einer kleineren Wohnung muss sich die Katze frei bewegen können, besonders dann, wenn sie zeitweise allein ist. Hier darf man höchstens das Bett zur Verbotszone erklären, aber nicht ein ganzes Zimmer.

Katzen und Kinder Kinder begreifen schon früh, dass eine Katze kein Spielzeug ist.

- Bis etwa zum 8. Lebensjahr sollten sie jedoch nicht unbeaufsichtigt mit ihr zusammen sein.
- Erklären Sie dem Kind die typischen Verhaltensweisen und Warnsignale der Katze, wie Abwehrfauchen, angelegte Ohren, peitschender Schwanz und Katzenbuckel.
- Kinder müssen lernen, dass sie eine Katze nicht beim Fressen und während ihrer Ruhephasen stören dürfen.
- Viele Kinder versuchen, Katzen etwas von ihrer eigenen Nahrung anzubieten. Erklären Sie ihnen, warum man das nicht macht.
- Achten Sie darauf, dass Ihr Kind nach dem Spielen mit der Katze und vor dem Essen seine Hände wäscht.
- Übertragen Sie Kindern kleinere Aufgaben, mit denen sie Ihnen bei der Versorgung und Pflege der Katze assistieren, zum Beispiel für frisches Trinkwasser zu sorgen oder Trockenfutter aufzufüllen. Fast alle Kinder sind stolz, wenn man sie mit solchen Diensten betraut.

Meine Katze darf das!

Die Ansichten, was man seiner Katze gestatten darf und was nicht, gehen bei Katzenbesitzern weit auseinander. Das ist absolut okay, weil die Entscheidung letztlich jeder für sich treffen muss. Wichtig ist nur, dass eine einmal erteilte Erlaubnis nicht wieder rückgängig gemacht wird. Katzen akzeptieren Ge- und Verbote, begehren aber auf, wenn ihnen die gerade erst erteilte Lizenz wieder entzogen werden soll. Das gilt fürs Schlafen im Bett des Menschen, für die Aufenthaltserlaubnis in der Küche, das Sitzen auf Tischen und Schränken, aber auch für den uneingeschränkten Freigang.

Ein Plätzchen zum Relaxen und Schlafen findet eine Katze an allen möglichen und unmöglichen Stellen in der Wohnung.

In guten wie in schlechten Tagen

In guten wie in schlechten Tagen: Das klingt wie ein Ehegelöbnis … und das ist es eigentlich fast auch, was Sie mit Ihrer Katze verbindet. Die Verpflichtung, für Ihren Stubentiger da zu sein, besteht ein ganzes Katzenleben lang. Und dazu gehören nicht nur sonnige Zeiten, sondern auch sorgenvolle Tage mit Krankheit oder Unfall, mit den Beschwernissen altersbedingter Schwächen und chronischen Erkrankungen und dem damit verbundenen höheren Pflege- und Kostenaufwand.

VERTRAUEN KANN VIELE GESICHTER HABEN

Die Intensität der Katze-Mensch-Beziehung lässt sich nicht allein auf die Schmusestunden reduzieren. Das Vertrauen, das die Katze ihrem Halter entgegenbringt, offenbart sich zum Beispiel auch in ihrem sittsamen Verhalten, wenn sie allein in der Wohnung ist. Sie fühlt sich nicht allein gelassen, weil sie weiß, dass ihr Besitzer pünktlich nach Hause kommt.

Wie sieht das Partnerschaftsprofil Ihrer Katze aus?

Welche Kommunikationsformen im täglichen Miteinander von Katze und Halter besondere Bedeutung haben, hängt nicht zuletzt vom Partnerschaftsprofil der Katze ab, das sich aus Gewohnheiten, Charaktereigenschaften, Vorlieben und Erfahrungen zusammensetzt. Aus Gründen der Übersichtlichkeit wurden in der unten stehenden Grafik lediglich sechs Merkmale für jede Rasse berücksichtigt. Die Höhe der Säulen gibt die Intensität eines Merkmals an: eine niedrige Säule steht für geringe Intensität, eine hohe Säule für einen ausgeprägten Charakterzug oder eine besondere Vorliebe.

Aktiv Quirlige und sportliche Katze, die ständig in Bewegung ist, gern springt und klettert. Die wilden Spiele mit ihrem Besitzer sind für sie das absolute Highlight des Tages und stärken das Gemeinschaftsgefühl.

Anhänglich Auf ihren Menschen fixierte Katze, sehr verschmust und verspielt. Eignet sich zur Wohnungshaltung, möchte aber meist nicht allzu lange allein sein.

Gesprächig Aufmerksame und kommunikative Katze, die sich über jeden Gesprächspartner freut. Die regelmäßige Zwiesprache mit dem Menschen ist ihr so wichtig wie das tägliche Futter. Die meisten Katzen »brabbeln« mit leiser, angenehm klingender Stimme, nur wenige sind laut und fordernd (→ Seite 70–71).

Gesellig Umgängliche Katze, die sich mit ihren Artgenossen, aber auch mit dem Familienhund gut versteht. Freut sich über eine Mitkatze im Haus, mit der sie oft eine lebenslange Freundschaft verbindet. Ihrer intensiven Beziehung zum Halter tut das keinen Abbruch.

Wohnung Ruhige, bedächtige und freundliche Katze ohne allzu großen Bewegungsbedarf. Fühlt sich auch bei reiner Wohnungshaltung wohl, bindet sich eng an ihre Bezugsperson, ist gern in seiner Nähe und liebt die gemeinsamen täglichen Schmusestunden.

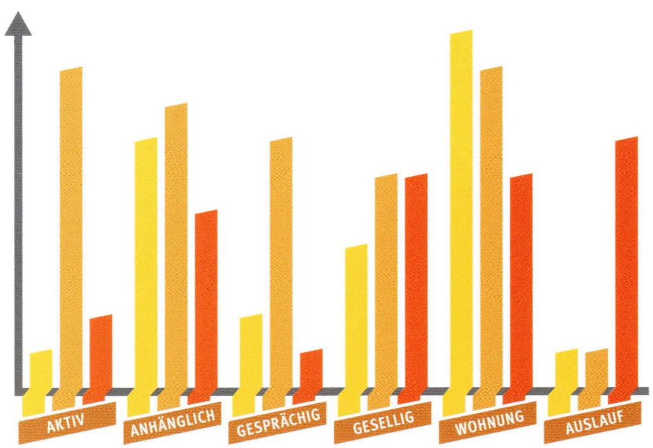

Am Beispiel von Perser, Balinese und Kartäuser stellt die Grafik ihre Partnerschaftsprofile anhand von Merkmalen dar, die im Zusammenleben mit dem Menschen besondere Bedeutung haben (Erläuterungen im Text).

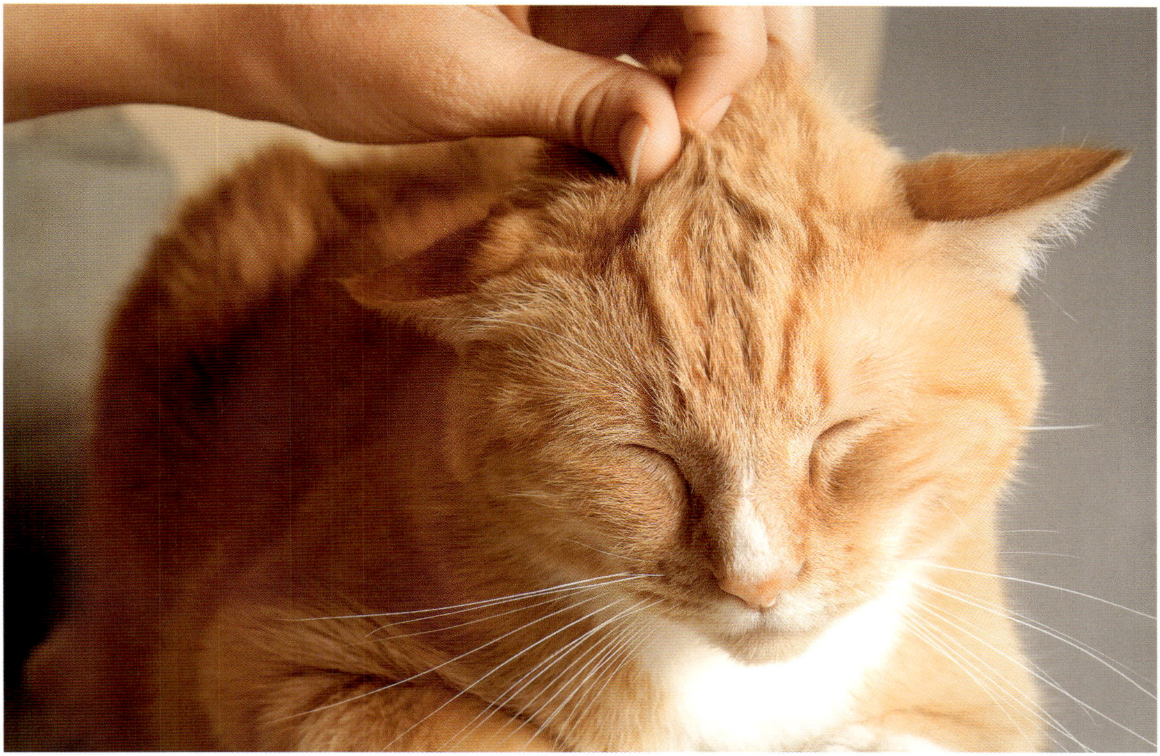

Ob wilder Outdoor-Tiger oder sanfte Sofa-Mieze: Von ihrem vertrauten Menschen gekrault und gestreichelt zu werden, genießen alle Katzen. Und bitte nicht aufhören …

Auslauf Unternehmungslustige Katze, die den Thrill des Revierlebens braucht und ohne ihren regelmäßigen Freigang unglücklich, manchmal auch unerträglich wird. Eine katzengerechte Wohlfühlwohnung, die Liebe zum Besitzer und häufig auch der knurrende Magen sorgen dafür, dass sie von ihren Streifzügen pünktlich wieder nach Hause kommt.

Merkmale beeinflussen sich gegenseitig
Um zu beurteilen, welche Vorzüge eine Katze in die Partnerschaft mit dem Menschen einbringt, ist der absolute Wert eines Merkmals (→ Grafik links) nicht immer aussagekräftig genug, da sich einzelne Merkmale auch gegenseitig beeinflussen können. Eine extrem aktive und ausschließlich im Haus lebende Katze kann für ihren Besitzer zu einer großen Belastung werden. Genießt sie jedoch regelmäßigen Auslauf, relativiert sich der hohe Wert des Merkmals »aktiv«, weil die Katze dann die Stunden in der Wohnung vorzugsweise zum Relaxen und Schlafen nutzen wird.
Erziehung zur Partnerschaft Vorlieben und Gewohnheiten gibt keine Katze freiwillig auf. Doch mit reizvollen Alternativangeboten und Geduld erreicht man sein Ziel (→ Seite 102). Das klappt zum Beispiel bei einer extrem auf ihren Menschen fixierten Katze (Merkmal »anhänglich«), aber auch beim Outdoor-Kater mit Hang zum Streunen.

Quiz-Box

Testen Sie Ihr Katzenwissen
Eine Katze zieht ein

	Ja	Nein
1. Ist es okay, wenn die neue Katze nicht kuscheln will?	☐	☐
2. Kann eine Wohnungskatze ein erfülltes Leben führen?	☐	☐
3. Sind Tabuzonen für die Katze in jeder Wohnung nötig?	☐	☐
4. Ist Handfütterung sinnvoll?	☐	☐

Auflösung und Info auf Seite 122

KATZEN UND TIERISCHE MITBEWOHNER

Bei der Pirsch durchs Revier und Streifgebiet will die Katze allein sein, in der Wohnung aber zeigt sie sich meist verblüffend offen für tierische Mitbewohner – offener als viele Besitzer es erwarten. Manchmal läuft alles wie von selbst, und die neuen Partner verstehen sich sofort. In anderen Fällen braucht es Geduld und Fingerspitzengefühl, bis sich anfängliche Animositäten und Ängste gelegt haben.

... und Katze

Mit Artgenossen gibt es keine Verständigungsprobleme. Eifersüchtige Charaktere können die Eingewöhnung erschweren, aber das bekommt man mit viel Zuwendung schnell in den Griff.
Youngster unter sich Katzenkinder haben keine Vorbehalte, niemand muss sein Gesicht wahren, niemand muss privaten Besitz verteidigen. Völlig beschwerdefrei klappt es, wenn gleichaltrige Jungkatzen ins Haus kommen, zum Beispiel Geschwister aus einem Wurf. Das ist die Bestbesetzung fürs Spielen, Kuscheln und Die-Welt-Erkunden. Aber auch mit älteren, noch nicht geschlechtsreifen Artgenossen gibt es keine Probleme.
Vereinbaren Sie mit dem Tierarzt rechtzeitig den Kastrationstermin, wenn Schwester und Bruder zusammen unter einem Dach aufwachsen (→ SprechStunde, Seite 63).
Junge und erwachsene Katze Kids genießen bei erwachsenen Artgenossen Jugendschutz, was die Minis oft ausnutzen und die älteren Herrschaften mit Spielaufforderungen nerven. Kätzinnen reagieren abweisend, fauchen die Knirpse an und weisen sie mit Pfotenhieben zurecht. Sieht die Ältere ihre Vorrechte in Gefahr, kommt auch noch Eifersucht ins Spiel. Kater reagieren auf Neuzugänge gelassener, schauen sich ein paar Tage an, was die Kleinen so treiben, und schließen dann meist ohne viel Tamtam Freundschaft mit den Youngstern.
Vor allem um die erwachsene Katzendame sollten Sie sich in dieser Phase intensiv kümmern, um ihr zu signalisieren, dass sie bei ihnen nach wie vor auf dem ersten Platz steht. Und sorgen Sie für Rückzugsplätze, an denen sie von den Tunichtguten nicht belästigt wird.
Erwachsene Katzen Zwei erwachsene Kater müssen zuerst einmal klären, wer jetzt der Chef ist. Das geht selten ohne Handgreiflichkeiten ab, sobald aber die Ordnung hergestellt ist und jeder seinen Platz kennt, kehrt Ruhe ein, und man kommt gut miteinander aus. Kätzinnen verhalten sich fast immer aggressiv, wenn ein Kater einzieht. Er bleibt zum Glück meist höflich. Irgendwann arrangiert man sich. Erwachsene Kätzinnen sind einander selten grün. Und leider auch nachtragend, sodass es manchmal noch nach Wochen Zoff gibt. Im Zweifelsfall muss eine Dame wieder gehen.

… und Hund

Die oft zitierte »Erbfeindschaft« von Hund und Katze gibt es nicht. Missverständnisse hingegen schon, weil man unterschiedliche Sprachen spricht. Doch die lassen sich meist ausräumen.

Hunde- und Katzenkinder Die ganze Welt ist ein Spiel – für Kätzchen wie Hundewelpen. Wo könnte es da Verständigungsprobleme geben? Bei Raufereien sollten Sie darauf achten, dass der Hund die Katze nicht zu grob behandelt, vor allem wenn er deutlich größer ist.

Katze und erwachsener Hund Eine Jungkatze, die zu einem Hund ins Haus kommt, bleibt zur Sicherheit zuerst »unter Verschluss«. Der Hund darf sie – angeleint und im Beisein des Besitzers – beschnuppern. Von seinem Verhalten hängt es ab, wie lange sich die beiden nur unter Aufsicht treffen dürfen. Ist man sich näher gekommen, übernehmen viele Hunde die Beschützerrolle für die kleine Katze. Bei der erwachsenen Katze und einem erwachsenen Hund bestimmen Vorgeschichten und Erfahrungen mit der »Gegenseite« über Ablehnung oder Akzeptanz mit. Zieht ein Hund in einen Katzenhaushalt ein, reagiert die Katze oft abwehrend, weil sie ihr Heimatrevier in Gefahr sieht. Leichter läuft es, wenn die Katze in ein Haus kommt, in dem schon ein Hund lebt.

… und kleine Heimtiere

Katzen, die ein Herz und eine Seele mit Meerschweinchen oder Hamstern sind, kennt fast jeder. In einzelnen Fällen mag die Koexistenz funktionieren, ein Freibrief für dauerhaften Frieden ist das dennoch nicht. Kleintiere, vor allem solche, die sich hektisch bewegen, lösen den Beutefanginstinkt der Katze aus. Das gilt für unsere Stubentiger noch genauso wie für ihre wild lebenden Verwandten. Unbeaufsichtigt sollten die ungleichen Partner jedenfalls nie zusammen sein.

Wir beide mögen uns: Die Katze bekundet ihre Freundschaft, indem sie dem Hund ihren Schwanz über den Rücken legt.

KATZEN HELFEN HEILEN

Dass der Kontakt mit einer Katze beruhigt, Stress mindert und Ärger schneller vergessen lässt, steht längst außer Frage. Den wohltuenden Einfluss macht man sich heute immer öfter im pädagogischen Bereich, bei der Betreuung älterer Menschen und der Therapie und Rehabilitation Kranker zunutze.

Die Katze als Therapiebegleiterin

Im Rahmen tiergestützter Therapien und tiergestützter Aktivitäten werden Hunde, Pferde, Katzen und Delfine eingesetzt, um das Wohlbefinden, die Selbstheilungskräfte und die Genesung körperlich oder seelisch kranker sowie gehandicapter Menschen zu fördern.

Tiergestützte Therapien Es sind vornehmlich speziell ausgebildete Therapiehunde, die von Therapeuten bzw. pädagogischen oder medizinischen Fachkräften angeleitet werden, um die Behandlung von Patienten zu erleichtern oder sie in bestimmten Fällen, wo keine oder nur eine eingeschränkte verbale Kommunikation besteht (zum Beispiel bei sprachgestörten oder gehörlosen Personen), überhaupt erst zu ermöglichen. Hunde wie Katzen kommunizieren offener und intensiver, als wir in der zwischenmenschlichen Interaktion dazu in der Lage sind. Nähe und Wärme einer Katze auf seinem Schoß spürt der Patient unmittelbar. Die Katze will kuscheln und gestreichelt werden, sie fokussiert ihre ganze Aufmerksamkeit auf den kranken Menschen und stellt sein Verhalten zu keiner Zeit infrage. Der Patient fühlt sich nicht in die Ecke gedrängt oder missverstanden, was bei Gesprächstherapien durchaus vorkommt. Heimtiere spenden Nähe und Zuwendung, geben dem Leben neuen Sinn und stabilisieren die Gesundheit und das seelische Gleichgewicht. So haben Menschen mit Heimtier nach Herzinfarkt eine höhere Überlebenschance als Patienten ohne: In einer US-amerikanischen Studie wurden 92 Herzinfarktpatienten überprüft. Von den Patienten mit Heimtier lebten nach einem Jahr noch 94 Prozent, von den anderen Patienten nur 72 Prozent.

Tiergestützte Aktivitäten Regelmäßige Besuche mit Tieren in Alten- und Pflegeheimen können Lebensqualität, Allgemeinbefinden und Selbstwertgefühl der betreuten Personen erkennbar steigern. Anders als bei einer tiergestützten Therapie muss der Tierbegleiter über keine Fachkenntnisse verfügen.

Kinder, die mit Katzen aufwachsen, entwickeln früh Verantwortungsgefühl und die Bereitschaft, sich für Mensch und Tier einzusetzen.

Mut- und Muntermacher für ältere Menschen

Die nachlassende Mobilität bringt es mit sich, dass sich der Bewegungsradius älterer Menschen zunehmend verkleinert und nicht selten auf die eigenen vier Wände beschränkt ist. Das führt zu Vereinsamung und Isolation, vor allem dann, wenn der Lebenspartner nicht mehr da ist. In solchen Situationen kann eine Katze wahre Wunder wirken. Sie ist die ideale Begleiterin für den älteren Menschen.

- Die Nähe einer Katze, ihre Lebendigkeit und Zuwendung erleichtern das Alleinsein.
- Eine Katze beansprucht Fürsorge und Versorgung. Ihr Besitzer ist für ihr Wohlergehen verantwortlich, er muss Handreichungen und Einkäufe erledigen, Futter und Streu besorgen, die Katzentoilette reinigen, Termine beim Tierarzt wahrnehmen. Das strukturiert seinen Alltag und verlangt Selbstdisziplin von ihm.
- Eine Katze liefert Gesprächsstoff. Wo früher Anknüpfpunkte fehlten, kommt man jetzt viel leichter in Kontakt mit anderen Menschen und schließt oft auch neue Freundschaften.
- Die Katze ist eine geduldige Zuhörerin, der man sein Herz ausschütten und seine Träume, Wünsche und Sorgen erzählen kann.
- Mit dem Hund muss man regelmäßig Gassi gehen, eine Katze braucht keine Begleitung bei ihren Ausflügen. Stubentiger mit nicht allzu großem Bewegungsbedarf fühlen sich auch bei reiner Wohnungshaltung wohl.

Katzen haben ein Gespür für die Gemütslage des Menschen, sie nehmen Anteil und sind aufmerksame und geduldige Zuhörer.

Die richtigen Katzen für Senioren

Diese Katzenrassen sind besonders anhänglich, zärtlich und aufmerksam und damit wunderbare Weggefährten für ältere Menschen.

Birma Schließt sich ihrem Menschen eng an, ist verschmust und immer sehr sanft.

Britisch Kurzhaar Bedächtige, ausgeglichene Katze, die auch an der Leine spazieren geht.

Colourpoint Hat das leise, ruhige Wesen der Perserkatze. Ihr geringer Bewegungsbedarf prädestiniert sie zur Wohnungshaltung.

Kartäuser Zurückhaltend, sehr ruhig und nie laut, schließt sich ihrem Menschen eng an.

Perser Eine in sich ruhende, anhängliche Katze, die wenig und sehr leise spricht. Das voluminöse Fell muss täglich gepflegt werden.

Ragdoll Menschenbezogen, anhänglich und verspielt. Ragdolls sind ausgesprochen gelehrig und gehen bereitwillig an der Leine.

Russisch Blau Schließt sich ihrem Halter eng an, bleibt jedoch Fremden gegenüber reserviert. Das Fell der Russisch Blau steht leicht ab und verliert kaum Haare.

Singapura Kleine und sehr leichte (max. 3 kg) Katzenrasse, die bei uns noch selten ist. Verspielt, anhänglich und pflegeleicht.

Türkisch Van Große und schwere Katze, neugierig, gesellig und lernfähig. Spielt gern mit Wasser und ist relativ gesprächig. Sollte möglichst zu zweit gehalten werden.

Mit ein bisschen Erziehung läuft alles viel leichter

Die Katze ist autark und trifft ihre Entscheidungen, ohne sich vorher Rat einzuholen. Auf der Pirsch muss sie in Sekundenbruchteilen die Vor- und Nachteile ihres Handelns abwägen. Und sie hält an Gewohntem fest, weil das Sicherheit bietet. Aber sie ist auch Opportunistin, die sich zum Mitmachen und Umdenken verführen lässt, wenn das Ergebnis lohnt. Die Basis für eine Kooperation ist also so schlecht nicht …

Katzen führen ein ungebundenes Leben!
Katzen wollen immer ihren Kopf durchsetzen!
Katzen sind erziehungsresistent!

Drei Statements, mit denen man die Katze seit einer gefühlten Ewigkeit abstempelt und die doch selbst nach tausend Wiederholungen das bleiben, was sie sind: Vorurteile.

Vorurteile sind genauso langlebig wie Aberglaube. Beide haben mit Ausgrenzung zu tun und schüren tief sitzende Ängste. Auf ihrem langen gemeinsamen Weg mit dem Menschen wurden der Katze viele Eigenschaften fern jeder Wahrheit angedichtet. Ihr rätselhaftes Wesen und die zwei Seelen, die in ihrer Brust schlagen, haben sicher dazu beigetragen, dass Aberglaube und Vorurteile die Jahrhunderte weitgehend unbeschadet überstanden. Schwarze Katzen bringt man heute zwar nicht mehr mit Hexen in Verbindung (was möglicherweise aber eher am aktuellen Hexenmangel liegt), doch dass sie ihre abschreckende Wirkung nicht völlig eingebüßt haben, wird so mancher Autofahrer bestätigen, wenn vor ihm eine schwarze Katze von links die Straße quert.

Womit könnte man sich denn hier beschäftigen? Katze allein zu Haus – das ist auch bei guter Erziehung ein Freibrief für Unfug und Schabernack.

Die Mär vom ungebundenen Leben

Beim Hund denkt man an (Unter-)Ordnung und Rudelgehorsam, bei der Katze eher an Chaos und Unberechenbarkeit. Bei Bello liegt man richtig, bei Mieze aber ganz weit daneben. Ein Katzentag läuft nach Programm und festen Terminen ab, und das nicht nur heute und morgen, sondern ein Leben lang, wenn es nach der Katze geht. Der ewig gleiche Tagesablauf gibt Sicherheit, so wie der Heimatbereich Geborgenheit bedeutet. Feste Essenszeiten, die Vormittagssiesta, die Spielstunde am Abend und exakt terminierte Revierinspektionen: so soll es sein und so soll es bleiben.

Und doch ist die Katze grundsätzlich bereit, ihren Tagesplan einer Revision zu unterziehen. Vorausgesetzt, es gibt dafür Gründe, gute und überzeugende Gründe.

Dickköpfig? Nur wenn es keine attraktiven Angebote gibt

Katzen sind im besten Sinne konservativ: Vertrautes bewahren und Neues testen. Wenn das Neue Sinn macht, Energien spart, komfortabler und schmackhafter (ganz wichtig!) oder einfach auch nur reizvoller und interessanter ist – warum soll man das Angebot dann nicht wenigstens in Augenschein nehmen? Mit uneinsichtigem Beharren auf Gewohntem hätte die große Katzenfamilie nicht nahezu alle Lebensräume und Klimazonen auf unserem Globus erobert.

• Wenn mein Rudelboss es für gut befindet, ist es auch für mich gut, sagt der Hund. Wenn er von diesem Teller isst, kann auch ich getrost von diesem Teller essen, sagt der Hund. Was unter anderem beweist, dass man in Rudel und Herde Kräfte spart und sein Hirn nicht übermäßig anstrengen muss. Das Ding der Katze ist das nicht. Sie vertraut eigenen Erfahrungen und Beobachtungen. In manchen Lebenslagen muss sie ihre Entscheidung blitzschnell treffen – etwa auf der Jagd. Ansonsten aber wägt sie Vor- und Nachteile gewissenhaft und vorsichtig ab, was auf einen Beobachter zögerlich und unentschlossen wirken kann. Im Zweifelsfall, speziell dann, wenn sie mit dem Bisherigen rundum zufrieden ist, wird die Katze die neue Offerte ablehnen. Was manchen Menschen veranlasst, ihren Dickkopf zu beklagen, wo er ihr doch nur ein bisschen Abwechslung – beispielsweise im Fressnapf – bieten wollte.

• Dass die Katze ihren Tagesablauf mit dem der Familie synchronisiert, weiß jeder Katzenhalter. Die Umstellung vom Nightlife auf die Tagesaktivität ist aus Sicht der Katze nachvollziehbar: Nachts ist tote Hose in der Wohnung, da macht es wenig Sinn wach zu bleiben. Am Tag darf man nach draußen, morgens und abends gibt es Futter, und nachmittags spielt man mit den Kindern. Katzen von Singles halten Siesta, solange ihr Halter im Büro ist, und sind zu allen Schandtaten bereit, wenn er heimkommt. Reines Zweckdenken, wie es sich für eine Opportunistin gehört.

Info

Sind Erfolgserlebnisse wichtig?

Ob eine Katze ihre Spielmaus findet oder beim Ballspiel die meisten Tore schießt, hat keinen Einfluss auf ihren Spieleifer. Auch nach erfolglosen Beutezügen ist ihre Jagdlust völlig ungebrochen. Erfolg ist unwichtig, die Action muss in den Pfoten jucken.

Wie Katzen lernen: Wunschverhalten verstärken

Wer seinem Stubentiger etwas beibringen will, hat mit Frontalunterricht und Befehlston à la Hundeausbildung wenig Erfolg. Da ist der Dickkopf im Weg: Warum ein Verhalten ändern, wenn keine gute Alternative in Sicht ist?

• Zeigt die Katze ein Verhalten, das unterstützt und gefestigt werden soll, wird sie es häufiger zeigen, wenn es mit einer positiven Erfahrung verbunden ist. In der Erziehung setzt man in der Regel Belohnungen als positive Verstärker ein. Futter, Spielangebote und Streicheln sind ideale Motivationshilfen, weil sie elementare Bedürfnisse der Katze abdecken, die auf sie einen gleichbleibend hohen Reiz ausüben und sich daher universell nutzen lassen. Aber auch einfache Aktionen eignen sich als Verstärker, etwa die Erlaubnis, in der sonst nicht zugänglichen Buddelkiste zu wühlen.

- Die direkte Verknüpfung erfolgt am besten per Lautsignal, etwa mit einem Pfeifton oder einem Wort, das einen hohen Aufmerksamkeitswert hat und im Dialog mit der Katze nicht anderweitig benutzt wird. Besonders erfolgversprechend ist die Arbeit mit dem Clicker (→ Seite 105), der gegenüber anderen Signalen eine Reihe von Vorteilen bietet.
- Die Verknüpfung von Wunschverhalten und Verstärkung und damit der Lernerfolg stellen sich nur dann ein, wenn das Signal zeitgleich zum Verhalten der Katze gegeben wird.

Wie Katzen lernen: Unerlaubte Aktionen verleiden

Die Katze wird Aktivitäten, die eine Partnerschaft mit ihr belasten, auch aufgeben, wenn sie dabei wiederholt unangenehme Erfahrungen macht. Als Negativerlebnis empfinden Katzen Nasenstüber, Schimpfen mit scharf gesprochenen Lautsignalen wie »Nein!«, Anpusten ihres Gesichts und auch die allseits bekannte Dusche aus der Spritzflasche. Einer Strafe gleich kommt darüber hinaus der Entzug von Vergünstigungen oder Vorzugsbehandlungen, die der Katze bisher zugestanden wurden, etwa der gemeinsamen Spielstunde.

- Die Katze muss während des Fehlverhaltens getadelt werden, um Rüge und Handlung zu verknüpfen. Späteres Bestrafen ist wirkungslos oder wird auf eine andere Situation bezogen.
- Durch Strafen verleidet man der Katze ihr momentanes Verhalten, die unerlaubte Aktivität wird jedoch nicht durch eine geeignete und erwünschte Alternative ersetzt. Das kann dazu führen, dass die Katze die gerügte Verhaltensweise später und an anderer Stelle erneut zeigt.
- Erwischt man seine Katze nur ab und zu in flagranti bei ihrem Fehlverhalten, wird sie mit der Erfahrung ihrer ungesühnten Aktivitäten Meidungstechniken erlernen, um das Verhalten künftig ungestraft zu praktizieren.

Einladung zum Mundraub: Herrlich duftendes Essen auf dem Tisch und keiner im Raum. Wie soll da eine Katze widerstehen?

ANSTIFTUNG ZUR KOOPERATION

Lernen strengt an. Wer übermüdet, aufgeregt, abgelenkt oder hungrig ist, kann sich nicht konzentrieren und scheitert selbst an einfachen Aufgaben. Auf die Katze trifft das besonders zu. Die Trainingsbedingungen müssen stimmen, wenn Mieze mitmachen soll.

Trainingsbedingungen

Ob Sie die Katze ans Bürsten des Fells gewöhnen oder ihr einen Trick zeigen wollen, ihr Lernwille und ihre Lernfähigkeit hängen davon ab, dass sie hellwach, aufmerksam, ausgeglichen und in guter Stimmung ist.

- Der Unterricht findet immer zur gleichen Tageszeit statt. Am besten eignet sich dafür die gemeinsame Spielstunde am frühen Abend. Die Katze sollte weder hungrig noch pappsatt sein. Ein voller Bauch studiert nicht gern!

- Üben Sie in vertrauter Umgebung, wo Ablenkungen gering sind. Jede Katze wird einzeln unterrichtet, gibt es andere Katzen im Haus, müssen sie so lange draußen bleiben.
- Starten Sie mit einfachen Aufgaben, und üben Sie nicht länger als zehn Minuten. Es ist kein Beinbruch, wenn die Katze eine Aufgabe nicht bewältigt. Beginnen Sie einfach noch einmal von vorn.
- Beenden Sie das Kurzschulprogramm mit einer Belohnung oder einem kleinen Spiel.

Diese kätzischen Eigenschaften erleichtern die Erziehung

Zuerst der Mensch In der Beziehung zu uns behält die Katze den Kleinkinderstatus bei. Sie widmet daher der »Oberkatze« Mensch bereitwillig viel mehr Zeit und Aufmerksamkeit als ihren Artgenossen.

Sprachstudien Die Katze beobachtet einen Gesprächspartner sehr genau und registriert jede Änderung seiner Körperhaltung, jede Geste ebenso wie Stimmlage und Tonfall.

Total relaxed In ihrem Heimatbereich ist die Katze ausgeglichen und entspannt, hier fühlt sie sich wohl und steht normalerweise nicht unter Stress. Hier ist ihre Bereitschaft, sich zumindest über eine kurze Zeitspanne auf eine Aufgabe zu konzentrieren, am größten.

Das Navi im Katzenkopf Katzen besitzen ein untrügliches Ortsgedächtnis, in dem nahezu jeder Punkt ihres Lebensumfelds gespeichert ist. Diese Fähigkeit erleichtert die erfolgreiche Behandlung bestimmter Probleme, zum Beispiel Unsauberkeit und Toilettenmeidung.

Wissen Sie, wie Ihre Katze denkt?

Im Kopf der Katze verbinden sich Ablauf, Ort, Objekte, aber auch die begleitenden Geräusche und Gerüche einer Handlung oder Verhaltensweise zu einem Gesamtbild, dessen Elemente sich gegenseitig bedingen und für sich allein wahrscheinlich keine oder möglicherweise andere Bedeutungen haben. Sicherlich spielt für Katzen, die ihren Tagesrhythmus so exakt einhalten, als würden sie einen Chronometer am Handgelenk tragen, auch die Tageszeit eine mitbestimmende Rolle.

Denken und Lernen Das »ganzheitliche« Denken der Katze kann das Lernen erleichtern, aber auch erschweren. So hat allein schon der Raum, in dem die Schülerin unterrichtet wird, eine Signalwirkung für sie, vor allem, wenn sie ihn sonst nur selten betritt. Gleicher Ort und

SprechStunde

Unterrichten in Schulkleidung

Wenn Sie während des Unterrichts mit Ihrer Katze – und nur dann – ein bestimmtes Kleidungsstück tragen (etwa eine auffällig gefärbte oder gemusterte Jacke oder einen ähnlichen Pullover), wird die Katze es als zusätzliches Signal verstehen, dass jetzt Schulzeit ist. Am Ende der Stunde ziehen Sie die Jacke wieder aus. Mit Hut oder Kappe erzielt man einen noch stärkeren Effekt, die Kopfbedeckung birgt allerdings das Risiko, dass die Schülerin davon zu sehr abgelenkt wird.

gleiche Zeit: Das heißt Schulbeginn. Die Katze weiß, was ihr Halter von ihr erwartet, und wird sich hier bereitwilliger mit der Lektion auseinandersetzen als an anderen Orten.
Es gibt mehrere Wege, um einer diebischen Katze das Handwerk zu legen (→ Seite 112). Probt man die Lektion am Küchentisch, wo sie ständig Essen stiebitzt hat, wird man sie hier nur noch selten beim Mundraub ertappen. Was die Katze jedoch nicht davon abhält, andere Tische nach Essbarem zu inspizieren. Und das ohne schlechtes Gewissen. Für ihr Verständnis besteht das Verbot ausschließlich für die Küche, von anderen Tischen war ja nie die Rede. Ähnliches gilt fürs Krallenwetzen an Sofa und Sessel: Macht man der Katze einen Sessel mit der Wasserspritze madig (→ Seite 112), wird sie – solange es keine attraktiven erlaubten Wetzplätze gibt – andere Möbel malträtieren. Auf die bezieht sich das Unterlassungsgebot in ihren Augen nicht. Mehr noch: Steht besagter Sessel plötzlich anderswo im Wohnzimmer, ist auch er wieder zur »Bearbeitung« freigegeben.

Lebensmittelkontrolle: Was sich da drin wohl verbirgt? Wenn der Kopf nicht hineinpasst, könnte vielleicht die Pfote helfen.

Clickertraining: Lernen macht Klick-Klack

Um erwünschtes Verhalten der Katze positiv zu verstärken (→ Seite 102), verwendet man im Clickertraining ein kleines Objekt, das dem Spielzeug-Knackfrosch ähnelt. Drückt man auf diesen Clicker, erzeugt ein unter Spannung stehendes Metallplättchen in seinem Innern ein unverwechselbares Klick-Klack-Geräusch.

- Im ersten Schritt lernt die Katze, dass sie nach jedem Klicken einen Leckerbissen oder eine andere Belohnung (Spielen, Streicheln) erhält. Diese Abfolge kapiert sie bereits nach wenigen Übungen.
- Jetzt wird es etwas schwieriger, nicht für die Katze, sondern für Sie als Übungsleiter: Sie müssen nämlich warten, bis Ihre Katze das Wunschverhalten zeigt, das mit dem Clicker verstärkt werden soll. Und ganz wichtig: Sie dürfen nur während des Bewegungsablaufs klicken – nicht vorher und nicht nachher. Bei den Anfangsübungen zur Lektion »Sitz!« erfolgt der Klick bereits, wenn die Katze erste Anstalten macht, um sich zu setzen, im späteren Verlauf der Lektion aber erst dann, wenn sie tatsächlich sitzt.
- Clickern hilft bei Problemverhalten, stärkt die Beziehung zum Menschen, schützt vor Langeweile, hält im Kopf fit und macht den meisten Katzen eine Menge Spaß.
- Mit dem Clicker lernt Ihre Katze auch kleine Tricks und schwierigere Lektionen wie Reifensprung oder Rolle machen.

In der Arbeit mit der Katze (wie auch mit anderen Tieren) kann der Clicker im Vergleich mit anderen Signalen mehrere Pluspunkte für sich verbuchen:

- Während ein Wortsignal sich von Mensch zu Mensch unterscheidet und darüber hinaus je nach Stimmungslage variiert, ist der Clickerton immer gleich und kann von verschiedenen Personen benutzt werden. Aus diesem Grund sollten Sie auch nur den Clicker verwenden und auf den Einsatz Ihrer Stimme verzichten.
- Das Klick-Klack des Clickers ist unverwechselbar und hat einen hohen Aufmerksamkeitswert, da es sonst so gut wie nie zu hören ist.
- Auf den Klicklaut reagiert die Katze auch auf größere Entfernungen.

Vom ersten Tag an

Die Erziehung der Katze fängt in der Vorschule an, sobald das Kätzchen im Alter von drei oder dreieinhalb Monaten bei Ihnen einzieht. Auch wenn die Kleine noch so süß ist, wird ihr kein Sonderrecht für Untugenden zugestanden. Mögliche Konfliktpunkte von vornherein zu beseitigen oder zu entschärfen erweist sich als der beste Weg zur harmonischen Koexistenz.

Beispiel Katze und Gardine Hat die junge Katze den tollen Klettergarten am Fenster erst einmal für sich entdeckt, helfen Wasserspritze und Gardinenpredigt oft nur sporadisch. Also besser nicht in Versuchung führen und Stores und Gardinen in den ersten Wochen raffen, damit sie unerreichbar sind.

Jugendsünden haben oft spielerischen Charakter und lassen sich leicht in akzeptable Bahnen lenken. Sind die Unarten bei der erwachsenen Katze zur Gewohnheit geworden, ist der Weg zur Harmonie viel länger und steiniger.

Beispiel Krallenkontakt Wenn eine junge Katze sich am Bein des Menschen aufrichtet, hakt sie sich meist mit ausgefahrenen Krallen ein. Das mag in den ersten Wochen mit dem Katzenkind lustig sein, bei einer erwachsenen Katze freut man sich über diese schmerzhafte Form der Kontaktaufnahme sicher weniger.

- Bis zur 3. Lebenswoche kann die junge Katze ihre Krallen noch nicht einziehen.

Welche Erziehungshilfen man zur Erziehung junger Katzen einsetzt, hängt auch von ihrer Persönlichkeit ab. Ein sehr scheues Kätzchen schreckt schon zusammen, wenn man in die Hände klatscht, um es auf eine kleine Sünde aufmerksam zu machen, der Mini-Rambo reagiert erst auf einen lauten Tadel oder den Klaps auf die Nase. Versetzt man ein Katzenkind in Angst und Schrecken, gefährdet das sein noch instabiles Vertrauen zum Menschen.

DIE WICHTIGSTEN ALLTAGSLEKTIONEN

Oft braucht es nur ein bisschen Anleitung und Hilfestellung, und Ihre Katze begreift, worum es geht. Kleiner Einsatz, große Wirkung: Jede Lektion, die Ihr Stubentiger beherrscht, verschönert Ihnen und ihm den Alltag und stellt sicher, dass es nur selten zu Missverständnissen kommt. Gefragt sind dabei auch Sie als Halter: Sie müssen für Trainingsbedingungen (→ Seite 103) sorgen, die der Katze das Lernen leichter machen und wo sie mit Begeisterung und viel Engagement bei der Sache ist.

Sanft spielen

Lernziel: Sanft spielen, ohne zu kratzen und zu beißen, kann jede Katze lernen.

Anleitung: Junge Katzen setzen häufig ihre Krallen und Zähne ein, auch im Spiel mit dem Menschen. Brechen Sie dann jede Spielaktion sofort ab, ziehen Sie Ihre Hand zurück und verwarnen die Katze mit einem lauten »Au!«. Es schadet nicht, wenn sie sichtbar erschrickt. Die Lust am Beißen sitzt bei den Youngstern tief, es dauert eine geraume Zeit, bis die Katze

dieses Verhalten aufgibt. Hat das Kätzchen die Lektion gelernt, wird sie auch als Erwachsene sanft und gesittet spielen.
Die individuelle Bandbreite ist groß; manche Katzen kommen als Kratzbürsten auf die Welt und lassen sich nur schwer therapieren, andere sind auch im Kindesalter schon lammfromm. Kontaktspiele mit Katzen, die dabei ihre Krallen einsetzen, sind für Kinder tabu.
Schwierigkeitsgrad: mittel

Die Transportbox lieben lernen

Lernziel: Die Transportbox soll zu einem Lieblingsplatz der Katze werden.
Anleitung: Die Transportbox steht geöffnet an einem Platz in der Wohnung, wo sich die Katze häufig aufhält. Legen Sie ein getragenes und ungewaschenes Kleidungsstück von sich (Pullover, Unterhemd) und zwei oder drei kleine Leckerbissen in die Box. Irgendwann wird Ihre Katze die Unterkunft inspizieren und es sich vielleicht darin gemütlich machen. Proben Sie Schritt für Schritt: Gittertür schließen, Box mit Katze vorsichtig hochheben, später ein paar Schritte gehen. Und zuletzt begehrt Ihre Katze auch nicht auf, wenn sie samt Box im Auto landet. Fahren Sie anfangs kurze Strecken, und sparen Sie nicht mit Lob und Belohnung, wenn sie alles klaglos mitmacht. Zum Tierarzt sollte sie darin erst reisen, wenn sie gern und freiwillig in die Transportbox geht. Damit die Box Ihrer Katze als Zweitwohnsitz dienen kann, steht sie immer offen in der Wohnung.
Schwierigkeitsgrad: mittel

Die Fellpflege genießen

Lernziel: Die Katze muss sich bereitwillig das Fell mit Bürste und Kamm pflegen lassen.

Endlich bist du wieder da! Mit hoch aufgerichtetem Schwanz begrüßt die Katze ihren Besitzer.

Anleitung: Langhaar- und Halblanghaarkatzen brauchen regelmäßig Assistenz bei der Pflege ihres Fells. Speziell das Haarkleid einer Perserkatze verfilzt sonst rettungslos. Reservieren Sie dafür ein standfestes Extra-Tischchen, das Ihre Katze rasch mit der Aktion verknüpft. Fellknäuel vorsichtig per Hand entwirren und nie mit Kamm oder Bürste an den Haaren zerren, sondern sie mit der anderen Hand am Haaransatz entlasten. Schmerzt die Behandlung, dann wehrt sich die Katze gegen Kamm und Bürste. Eine sanfte Fellpflege hingegen genießt sie wie Streicheleinheiten.

- Brechen Sie die Pflege ab, wenn die Katze in die Bürste beißt oder mit ihr spielen will.
- Auch Kurzhaarkatzen müssen Kamm und Bürste akzeptieren. Das erleichtert unter anderem die Pflege und Versorgung bei Krankheit. Streicheln und Leckerlis besänftigen und motivieren die Katze bei den ersten Sitzungen.

Schwierigkeitsgrad: mittel

Quiz-Box

Testen Sie Ihr Katzenwissen
WIE KATZEN LERNEN

	Ja	Nein
1. Lernt die Katze auch, weil sie ihrem Halter gefallen will?		
2. Soll man eine erfolglose Lektion sofort wiederholen?		
3. Kann man Katzen auch ohne Belohnung erziehen?		
4. Ist tägliches Üben wichtig?		

Auflösung und Info auf Seite 122

Katzenklappen-Training

Lernziel: Die Katzenklappe ist die Haustür der Katze. Hier darf sie in eigener Regie ins Freie und wieder zurück ins Haus.
Anleitung: Zu Trainingsbeginn ist die Katzenklappe offen (am einfachsten mit Klebstreifen fixieren). Animieren Sie Ihre Katze von der anderen Seite zum Durchschlüpfen. Sie kapiert schnell, dass sie hier wunderbar rein- und rauskann. Knien Sie jetzt mit einem Leckerbissen hinter der Katzenklappe und heben sie so weit an, dass die Katze die Belohnung von der anderen Seite aus sieht.
Um sich das Leckerli abzuholen, muss sie die Klappe mit dem Kopf weiter aufstoßen und registriert rasch, dass sie ihr kaum Widerstand entgegensetzt. Musste Ihre Katze bisher vor der Haustür warten, gewöhnt sie sich leichter an den neuen Haupteingang, wenn in der ersten Zeit eine kleine Belohnung hinter der Katzenklappe liegt.

Schwierigkeitsgrad: leicht bis mittel

Essenszeit!

Lernziel: Die Katze soll zu bestimmten Tageszeiten am Futternapf erscheinen.
Anleitung: Füttern Sie morgens und abends zu festen Zeiten. Rufen Sie die Katze bei ihrem Namen, wenn Sie den Napf füllen. Rascheln Sie zusätzlich mit der Trockenfutterpackung, oder klopfen Sie mit dem Löffel gegen die Schüssel. Rufen Sie ihren Namen an der Haustür, wenn sie zur Fütterungszeit noch draußen ist. Schon nach wenigen Tagen steht sie auch ohne mündliche Einladung pünktlich auf der Matte. Dem Gewohnheitstier Katze sind feste Essenszeiten willkommen. Achten Sie darauf, dass die Futterzeiten auch eingehalten werden, wenn die Katze von anderen Personen gefüttert wird.

- Für Outdoor-Katzen gibt es die Mahlzeit nie vor, sondern immer erst nach dem Freigang.

Frisches Grün ist gut für die Verdauung: Ein Schälchen mit Katzengras gehört in jeden Katzenhaushalt, auch dann, wenn der Stubentiger regelmäßig ins Freie darf.

- Vereinbaren Sie für die tägliche Spiel- und Schmusestunde ebenfalls einen Termin mit Ihrer Katze. Ihre Vorfreude ist riesengroß, und sie wird schon vor der Zeit auf Sie warten.

Schwierigkeitsgrad: leicht

Zuverlässig aufs Örtchen

Lernziel: Jede Katze muss stubenrein sein.
Anleitung: Die Katzenmutter macht's vor, und ihre Jungen schauen es sich bei ihr ab, wenn sie die Katzentoilette benutzt. Daher sind fast alle Katzenkinder stubenrein, wenn sie in ihre neue Familie kommen. Aufregung, Umzugsstress, die fremde Umgebung und die kleine Blase führen aber manchmal dazu, dass die Toilette im Notfall zu weit weg ist. Kein Grund zum Ärgern, noch weniger zum Schimpfen! Leisten Sie Hilfestellung bei einem Kätzchen, das noch nicht sattelfest ist, setzen Sie es sofort auf den Topf, wenn es unruhig wird, und streicheln und loben Sie es, sobald es sein Geschäft erledigt. Die Toilette muss auf kurzem Weg erreichbar sein, eventuell lohnt sich eine zweite.

- Entfernen Sie verschmutzte Streu täglich, und reinigen Sie die Toilette mindestens einmal pro Woch gründlich.

Wird die erwachsene Katze plötzlich unsauber, kann das viele verschiedene Ursachen haben (→ Seite 111) und auch möglicherweise ein Krankheitssymptom sein.

Schwierigkeitsgrad: mittel

Auch das kann Ihre Katze lernen

Ans Alleinsein gewöhnen Lassen Sie die Katze anfangs nur eine bis zwei Minuten allein, und horchen Sie vom Nebenzimmer aus, ob sie ruhig bleibt. Am besten, wenn sie nach Spielen oder Fütterung müde ist. Gehen Sie danach wieder ins Zimmer, ohne sich speziell mit ihr abzugeben. Für die Katze muss es normal sein, dass Sie gehen und kommen. Dehnen Sie die Abwesenheitsdauer langsam aus. Ist die Katze länger allein, sollte sie sich in mehreren Zimmern aufhalten können, Trinknapf, Kratzbaum und Toilette müssen erreichbar sein, Spielzeug sorgt für Beschäftigung, Hintergrundmusik kann beruhigend wirken.

- Lassen Sie Ihre Katze nur für begrenzte Zeit (4–5 Stunden) allein. Bei häufiger und längerer Abwesenheit ist eine zweite Katze sinnvoll.

Fremde Menschen akzeptieren Bitten Sie Freunde oder Bekannte, die Ihre Katze nicht kennt, Ihnen bei dieser Lektion zu assistieren, sich aber nicht um die Katze zu kümmern. Die Katze kann das Wohnzimmer nicht verlassen und verschwindet unter dem Sofa, wenn sie die Türklingel hört. Sie unterhalten sich angeregt mit Ihren Freunden, und die verabschieden sich, ohne die Katze gesehen zu haben. Einige Tage darauf sind die Gäste erneut da. Eventuell schon jetzt oder erst bei einem späteren Treffen wird die Katze ihre Deckung aufgeben und vorsichtig ans Tageslicht kommen. Sie hat sich zur Einsicht durchgerungen, dass diese Menschen offensichtlich harmlos sind. Für den Besuch sollte sie immer noch Luft sein. Irgendwann fasst sie sich ein Herz und beschnuppert Ihre Freunde. Das Eis ist gebrochen, und die Katze gestattet schließlich auch, dass die Fremden sie anfassen und streicheln.

An der Leine laufen Darf die Katze nicht allein nach draußen, bietet ihr ein Spaziergang an der Leine zumindest ein bisschen Freiheit. Machen Sie Ihre Katze in der Wohnung mit dem Brustgeschirr (ein Halsband ist ungeeignet) vertraut. Erst dann die Leine anlegen und einige Schritte gemeinsam gehen. Für längere Strecken ist eine Katze sowieso nicht zu haben. Nicht jede akzeptiert Brustgeschirr und Leine.

Geruchstest negativ! Die Nase entscheidet, ob das Futter akzeptabel ist. Falls nicht, wendet sich die Katze ab, schnickt mit dem Hinterbein und geht.

SO LÖSEN SIE DIE HÄUFIGSTEN KONFLIKTE

Die Katze behält einmal erlerntes Verhalten oft hartnäckig bei, leider auch unerwünschtes. Von ihrem Problemverhalten bringt man sie am besten ab, wenn es eine reizvolle erlaubte Alternative zur bisherigen Situation gibt. Dabei nutzt man ihre gute Beobachtungsgabe und den Spieltrieb. Will die Katze durch ihr Verhalten Zuwendung oder Belohnungen vom Halter bekommen, hilft es oft schon, sie konsequent zu ignorieren. Bei einer selbstverstärkenden Aktivität wie dem Krallenwetzen an Möbeln und Tapeten oder dem Zerfleddern von Kissen und Polstern bleibt das allerdings erfolglos.

Unsauberkeit

Situation: Die Katze meidet die Toilette und verrichtet ihr Geschäft in der Wohnung.
Anleitung: Plötzliche Unsauberkeit ist oft ein Protest. Mögliche Ursachen: falscher Toilettenstandort, verschmutzte Streu, Geruchsbildung, neues Streumaterial, häufige Störungen beim Toilettengang. Die Situation klärt sich meist, wenn die Ursache erkannt und beseitigt ist. Protestlöseplätze mit Folie bedecken, bis die Katze wieder zuverlässig stubenrein ist.
Schwierigkeitsgrad: mittel

- Unsauberkeit kann ein Krankheitssymptom sein. Im Zweifelsfall den Tierarzt aufsuchen.

Eifersucht

Situation: Durch ein neues Familienmitglied sieht die Katze ihre Vorzugsstellung bedroht.
Anleitung: Ob Baby, neuer Partner von Halter oder Halterin oder Hund bzw. zweite Katze: Die Katze fühlt sich zurückgesetzt, reagiert abweisend oder aggressiv, aber auch mit Unsauberkeit, Futterverweigerung oder Streunen. Vermitteln Sie ihr das Gefühl, dass sich für sie nichts ändert, und schenken Sie ihr jetzt besonders viel Zuwendung und Aufmerksamkeit, ganz speziell dann, wenn auch das neue Familienmitglied im Zimmer ist.
Schwierigkeitsgrad: mittel bis schwer

Wie man Wünsche ohne Kralleneinsatz anmeldet, kann jede Katze lernen. Es sei denn, Sie mögen Kratzspuren auf Ihrer Haut …

Krallenwetzen in der Wohnung

Situation: Sofa, Sessel, Teppiche und Tapeten sind vom Krallenwetzen der Katze ramponiert.
Anleitung: Kratzbaum und Kratzbrett gehören zur Grundausstattung der Katze. Decken Sie unerlaubte Kratzstellen vorübergehend ab. Machen Sie Ihre Katze mit dem Kratzbaum vertraut, und reiben Sie ihre Pfoten am Stamm, um ihn mit ihren Duftstoffen zu markieren. Katzenminze macht ihn zusätzlich attraktiv. Stellen Sie den Kratzbaum dort auf, wo die Katze regelmäßig vorbeiläuft. Krallenwetzen gehört zum ererbten Katzenverhalten.
Schwierigkeitsgrad: mittel

Mundraub

Situation: In jedem unbewachten Moment klaut die Katze Essen vom Tisch.
Anleitung: Ans Unrechtsbewusstsein Ihrer Katze können Sie nicht appellieren – sie hat nämlich keines. Grundsätzlich gilt: Nicht zum Diebstahl verführen. Daher sollte in einem Katzenhaushalt alles Essbare unerreichbar für den Stubentiger sein. Ansonsten bekehrt man manche Futterdiebe mit dieser Schockbehandlung: Schnur an leerer Blechdose befestigen und Dose an den Tischrand stellen. Zieht die Katze an der Schnur, fällt die Dose scheppernd zu Boden. Verlassen Sie zuvor den Raum, damit Mieze nicht Sie als Verursacher outen kann. Die Therapie gilt jedoch nur für diesen bestimmten Tisch (→ Seite 104). Bei verführerischen Speisen ist die Rückfallquote hoch.
Schwierigkeitsgrad: mittel

Auch hier besteht Therapiebedarf

Betteln Einmal einer bettelnden Katze nachgeben, ist bereits einmal zu viel! Futter und alle Leckerbissen (Ausnahme Belohnungen) gehören in den Fressnapf, und nur dorthin. Bei hartnäckigen Bettlern hilft allein Konsequenz.
Nächtliche Ruhestörung Manche Katzen sind nachts hellwach und bringen Unruhe ins Haus. Spielen Sie mit Ihrer Katze vor dem Schlafengehen, und sorgen Sie dafür, dass sie sich austobt. Das garantiert die nötige Bettschwere.
Streunen Die Katze überzieht ihren Freigang, bleibt sogar nachts oder für mehrere Tage weg. Streunen ist meist ein Indiz dafür, dass sich eine Katze vernachlässigt fühlt und mit den Haltungsbedingungen nicht einverstanden ist. Typischer Auslöser: Eifersucht (→ Seite 111). Verbringen Sie mit Ihrer Streunerin viel Zeit, und signalisieren Sie ihr so, dass es sich lohnt, nach Hause zu kommen.

DIE KLEINE TRICKSCHULE

Viele Katzen sind begeistert bei der Sache, wenn ihr Besitzer mit ihnen Kunststückchen probt. Es ist offensichtlich, dass ihnen das Training eine Menge Spaß macht, nicht zuletzt weil sie spüren, dass auch der Mensch mit ganzem Herzen dabei ist. Für die Trickschule muss die Katze hellwach und konzentriert sein. Das klappt nicht an jedem Tag. Bedrängen hilft gar nichts, eher das Motto »Wenn nicht heute, dann vielleicht morgen«.

- Der Clicker (→ Seite 105) eignet sich perfekt, um ein Signal genau zur passenden Zeit zu geben. Speziell bei den Trickübungen, wo alles sehr schnell abläuft, bleiben für den richtigen Moment oft nur Sekundenbruchteile. Kommt ein Kommando zu früh oder zu spät, muss die Übung nicht selten abgebrochen werden.

Rolle seitwärts Die Katze liegt entspannt und ausgestreckt auf dem Boden. Führen Sie ein Leckerli sehr langsam über ihren Kopf, sodass sie es mit den Augen verfolgen kann. Sobald es aus ihrem Blickfeld verschwindet, rollt sie sich über den Rücken auf die andere Seite, um zu sehen, was mit dem Leckerbissen passiert. Halten Sie das Objekt so hoch, dass sie nicht mit der Pfote danach angelt, aber auch nicht zu hoch, weil sie sonst aufsteht. Lassen Sie sich durch anfängliche Pannen nicht entmutigen. Geben Sie das Lautsignal »Rolle!«, wenn sich die Katze über den Rücken dreht.

Männchen machen Es gehört zum normalen Verhalten, dass sich die Katze auf ihre Hinterbeine setzt, um an einer Duftquelle zu riechen oder mit den Pfoten nach Gegenständen zu angeln. Führen Sie ein attraktives Objekt (Duftkissen, Leckerli, Spielzeug) langsam nach oben bis über den Kopf der sitzenden Katze. In der Regel wird sie sich jetzt auf die Hinterbeine setzen und einen langen Hals machen, um an dem Gegenstand zu schnuppern. Geben Sie zeitgleich das Lautsignal »Hoch!«, jedoch nur dann, wenn die Katze tatsächlich Männchen macht und nicht, wenn sie aufsteht oder das Objekt mit der Pfote zu packen versucht.

Pfote geben Bewegen Sie ein Bällchen oder ein anderes Spielobjekt bis in Kopfhöhe vor die sitzende Katze, und sagen Sie »Pfote!«, sobald sie die Pfote hebt und danach angeln will. Die Katze soll während der ganzen Übung sitzen bleiben. Stoppen Sie die Aktion, falls sie aufsteht, um das Spielzeug näher zu betrachten.

Apportieren Manche Katzen haben offensichtlich »Hunde-Gene« und das Apportieren als ihre wahre Leidenschaft entdeckt, von der sie nicht genug bekommen. Leider geht ihrem Besitzer immer viel zu früh die Luft aus. Die Apportier-Freaks liefern ihre Fundstücke meist freiwillig ab und erwarten dafür, dass man ihnen sofort neue Aufträge erteilt.

Auch weniger apportierwillige Katzen laufen hinter Bällen oder ähnlichen Gegenständen her, bringen sie aber selten zurück, sondern betrachten sie als Beute, die sie nicht mehr hergeben. Ihnen muss man mit reizvollen und aufregenden Alternativangeboten den Mund so wässrig machen, dass sie den apportierten Gegenstand dann doch freiwillig fallen lassen.

INFO

Erziehung und Persönlichkeit

Erzieherische Maßnahmen animieren die Katze zu Handlungen, die ihrer Natur nicht zuwiderlaufen. Lernen fördert erwünschte Eigenschaften und verleidet Problemverhalten, das die Beziehung belastet. Auf den Charakter der Katze hat das keinen Einfluss.

Spielen festigt das Vertrauen und ist die schönste Form des Miteinanders

Für die Katze ist Spielen Lebensart und viel mehr. Von Kindesbeinen trainiert und optimiert sie in spielerisch übersteigerten Aktionen ihre Fähigkeiten für Abwehr, Angriff und den Beutefang. Das Spiel mit dem menschlichen Partner ist elementarer Bestandteil der Katze-Mensch-Beziehung. Es stärkt die Bindung, fordert und fördert die Kommunikation und hält Köpfchen und Körper der Katze fit.

Selbst Perserkatzen und andere Wohnungstiger mit gebremster Lust an der Bewegung holt man mit reizvollen Spielangeboten vom Sofa. Eine Katze, die überhaupt nicht spielen will, ist meist gesundheitlich nicht voll auf der Höhe. Katze und Spiel sind so untrennbar miteinander verbunden wie die Katze mit der Maus.

WARUM SPIELEN TIERE?

Den Begriff »Spielen« verbinden wir bei Tieren in erster Linie mit Tierkindern. Sie trainieren im Spiel angeborene Handlungsabläufe oder einzelne Elemente davon, die das Leben, den Status und die Anpassung der erwachsenen Katze entscheidend prägen werden.

Nicht nur Kids Dass spielerische Aktivitäten nicht auf die Kinderzeit beschränkt bleiben müssen, stellen erwachsene Katzen tagtäglich unter Beweis, selbst ehrwürdige Oldies, die schon lange das Zipperlein plagt, lassen sich von ihrem Besitzer noch dann und wann zu einem Spielchen verführen. Von unseren Haustieren spielen auch erwachsene Hunde und Kaninchen häufig, entweder mit einem geeigneten Spielobjekt oder mit Artgenossen.

Tierische Spieler Affen, Bären, Elefanten und andere höhere Säugetiere, aber auch Krähen und Papageien beeindrucken besonders durch ihre spielerische Kreativität. Die ist in anderen Tiergruppen weniger ausgeprägt, aber spielerische Elemente findet man auch im Verhalten von Schildkröten, Fröschen, Waranen und Fischen.

Was Spielen besonders macht

Freiraum Spiel Spielen ist nicht zielgerichtet, auch wenn es in vielen Fällen Verhaltensweisen ähnelt, die eine bestimmte Funktion haben und zielorientiert sind. Im Spiel trainieren Katzen Bewegungsabläufe des Kampf- (Abwehr und Angriff), Jagd- (Anschleichen und Beutefang) und Sexualverhaltens.

Als Volleyballerin bestens geeignet. Dank ihrer großen Sprungkraft und blitzschnellen Reaktion erwischen Katzen häufig auch fliegende Objekte.

Tüfteln und Kombinieren: Manche Katzen begeistern sich für Denksportaufgaben und überlassen wildes Herumhetzen anderen.

Handlungspuzzle Viele »ernsthafte« Handlungsweisen laufen bei der Katze nach einem unveränderlichen Muster ab, etwa die der Jagd. Im Spiel hingegen kommen meist nur einzelne Abschnitte dieser Sequenzen vor, die darüber hinaus oft mehrfach wiederholt oder mit Verhaltenselementen anderer Funktionskreise kombiniert werden.
Spielplatz und Spiellaune Am liebsten spielt die Katze zu Hause. In fremder Umgebung und bei fremden Menschen ist sie zu gehemmt und zu vorsichtig, um unbekümmert zu spielen. Und auch die Stimmung muss stimmen: Einer hungrigen, müden oder gestressten Katze steht der Sinn nicht nach Spielen.
Risikofrei Spielen schützt vor Gefahren: Lässt sich die Katze auf eine ernsthafte Auseinandersetzung ein, muss sie mit Verwundung oder Schlimmerem rechnen. Im Spiel kann sie ihre Kampftechniken, Geschicklichkeit und körperliche Fitness trainieren und optimieren, ohne dabei ein Risiko einzugehen.
Spiellust inklusive Spielen ist selbstverstärkend, es muss nicht extra belohnt werden.
Mach mit! Die Katze fordert den vertrauten Menschen mit einer charakteristischen, aus dem Sexualverhalten stammenden Bewegungsweise zum Spielen auf (→ Abb. Seite 118).

Spielen macht Kätzchen fit für den Ernst des Katzenlebens

Wilde Gesellen Bei den Raufereien junger Katzen geht es heftig zur Sache. Mancher mit dem Verhalten von Katzen weniger vertraute Beobachter wird dann schnell um die Gesundheit der Kätzchen fürchten. Doch der Schein trügt. Was furchteinflößend und wild aussieht, ist typisch Spiel: Die jugendlichen Kontrahenten übersteigern nämlich jede ihre Aktionen und gebärden sich besonders dramatisch und martialisch, um ihrem Gegner zu signalisieren, dass alles spielerisch und völlig harmlos ist.
Wunderkur für die Fitness Innerhalb von nur wenigen Wochen verbessert die junge Katze im Spiel mit Artgenossen oder Spielobjekten ihre anfangs mangelhafte Körperkoordination und das Reaktionsvermögen erheblich.
Sozialtauglich Das Spiel mit Wurfgeschwistern und anderen Artgenossen stärkt die soziale Kompetenz der heranwachsenden Katze. Sie lernt die Ansprüche anderer zu respektieren.
Lautloses Gerangel Typisch Spielverhalten: Selbst im wildesten Kampfgetümmel der Youngster gibt normalerweise kein Spieler einen Laut von sich (→ Info, Seite 120).

Spielzeug für alle Sinne

Ein Spielzeug, das raschelt oder quietscht, sich ruckhaft bewegt und dabei noch verführerisch duftet – Katzenherz, was willst du mehr!? Je mehr Sinne ein Objekt anspricht, desto interessanter ist es für die Katze. Diese Spielsachen stehen auf der Hitliste ganz oben:

- Raschelbälle, Quietschtiere, Rasselmäuse, klingende Gitterbälle und natürlich das unverwüstliche Zeitungspapierknäuel.
- Bälle jeder Machart – vom Soft-, Igel- und Sisalball bis zum Leckerlis spendenden Gitterball und dem unberechenbaren Kong, Korken, Fellmäuschen und alles, was sich mit der Pfote schubsen und durchs Zimmer treiben lässt.
- Play-'n'-Scratch-Spiele und Fummelbretter, die geschickte Pfotenarbeit erfordern und für Spielspaß ohne Ende sorgen; Federwedel und Bungee-Mäuse, die Reaktionsvermögen und Auge trainieren und sich auch für die Gemeinschaftsaktion mit befreundeten Katzen eignen.
- Knobel- und Intelligenzspiele für Stubentiger mit Köpfchen und scharfer Beobachtungsgabe.
- Klettertau, Schaukel und der Garten- oder Indoor-Agilityparcours mit Wippe, Hürden, Balancierbalken, Hoch- und Weitsprung für alle Katzen, die sich auspowern wollen.
- Minzekissen, Catnip-Mäuse und Duftkratzbretter für die kleinen Schnüffeltiger.

SPIELEN VERBINDET MENSCH UND KATZE

Die regelmäßige gemeinsame Spielstunde von Mensch und Katze intensiviert die Beziehung, fördert das Vertrauen und verhindert Missverständnisse, weil jeder die Sprache des anderen besser verstehen lernt.

Spielregeln für frustfreies Spielen

Jeder, was er will und wie es ihm beliebt? Das klappt nirgends und sorgt auch in der Partnerschaft und Kommunikation von Katze und Mensch schnell für Dissonanzen. Spielen ist ein Freiraum, wo niemand sich beweisen muss und keiner bestraft wird, wenn es mal schiefläuft. Doch ein paar Spielregeln sollten auch hier beachtet werden – von jedem Mitspieler.

- Reservieren Sie eine bestimmte Tageszeit für das Spiel mit Ihrer Katze. 20 Minuten sollten Sie dafür schon einplanen, gern auch mehr.

Welcher Spieltyp ist meine Katze?

Jede Katze hat ihre Lieblingsspiele. Womit können Sie Ihren Stubentiger begeistern?

Abenteurer müssen alles genau untersuchen, inspizieren jeden Unterschlupf, stöbern versteckte Objekte auf und schrecken auch vor unbekanntem Terrain nicht zurück.

Sportler lieben den vollen Körpereinsatz und brauchen viel Platz zum Rennen, Springen, Hakenschlagen und Klettern. Wilde Ball- und Jagdspiele kann es für sie nie genug geben.

Tüftler setzen auf Pfote und Köpfchen, geben auch bei schwierigen Aufgaben nicht auf, lieben das Fummelbrett und können sich für längere Zeit gut allein beschäftigen.

Kopfarbeiter beweisen im Denksport gute Beobachtungsgabe und Kombinationsvermögen.

Transportarbeiter schleppen ständig ihre Lieblingsspielsachen von einer Ecke in die andere und lassen sich manchmal auch zu Apportierspielen mit ihrem Besitzer verführen.

Am besten eignet sich der frühe Abend: Die meisten Katzen sind jetzt hellwach, und für berufstätige Halter passt der Termin auch. Stornieren Sie die Spielzeit möglichst nur, wenn es gar nicht anders geht. Ihre Katze nimmt mehrfache Absagen krumm.

- Der Mensch lädt zum Spielen ein, die Katze entscheidet über das Tagesprogramm. Testen Sie, wonach ihr gerade der Sinn steht: Suchen von versteckten Objekten, Tüfteln am Fummelbrett oder lieber ein Ballspiel.
- Ist Ihre Katze in Spiellaune? Dann darf eine Lektion bis zu 15 Minuten dauern. Länger kann sich eine Katze in der Regel nicht auf eine Aufgabe konzentrieren. Stoppen Sie das Spiel, sobald sie das Interesse verliert und sich leicht ablenken lässt.
- Eine Jungkatze, die ständig irgendwo Neues und Aufregendes entdeckt, begeistert sich oft nur wenige Minuten für ein Spiel. Spielen Sie mit ihr in vertrauter Umgebung, um Ablenkungen auf ein Mindestmaß zu beschränken.
- Brechen Sie sofort ab, wenn Ihre Katze im Spiel Krallen und Zähne einsetzt, selbst wenn es spielerischen Charakter hat, und zeigen Sie ihr mit einem lauten und scharfen »Au!«, dass Sie dieses Verhalten nicht akzeptieren. Das gilt auch im Spiel mit der jungen Katze.
- Beenden Sie die Spielzeit mit Schmusen und Streicheln. Das ist gleichzeitig ein Signal an die Katze, dass jetzt nicht mehr gespielt wird.
- Bis auf ein oder zwei Objekte (zum Beispiel den Lieblingsball) kommen alle anderen Spielobjekte zurück in die Spielkiste. Spielzeug, mit dem die Katze nur ab und zu spielen darf, behält seinen Spielreiz über lange Zeit.

Spielregeln für Kinder und Katzen

- Kinder unter sechs Jahren sollten nie unbeaufsichtigt mit einer Katze spielen. Zu groß ist das Risiko, dass sie die Katze versehentlich falsch oder zu fest anfassen und sie sich mit Krallen oder Zähnen zur Wehr setzt.
- Körpernahes Spiel ist auch für ältere Kinder tabu, speziell dann, wenn der Kopf des Kindes auf Augenhöhe mit der Katze und weniger als eine Pfotenlänge von ihr entfernt ist.

Mach doch mit! Mit hoch gerecktem Hinterteil und zur Seite gelegtem Schwanz hüpft die Katze vor dem Menschen her und fordert ihn zum Spielen auf.

• Kinder sollten grundsätzlich keine Katze auf den Arm nehmen. Fast immer hält das Kind die Katze so ungeschickt, dass die sich strampelnd wehrt, fallen gelassen wird und sich beim Sturz schwer verletzen kann. Die Abwehrbewegungen der Katze stellen für das Kind eine große Verletzungsgefahr dar.

SPIELSPASS GARANTIERT

Wenn Mensch und Katze seit Jahren zusammenleben, weiß jeder meist schon im Voraus, was den anderen bewegt, was er will und was ihm am meisten Spaß macht. Auch im Spiel versteht man sich fast blind und ohne viele Worte und Gesten.
Mit einer Katze, die erst vor wenigen Wochen eingezogen ist, muss man sich hingegen intensiv beschäftigen, um herauszufinden, ob ihr ein Spiel gefällt und sie die Spielidee verstanden hat. Sie wird sich sowieso nur dann zum Mitmachen verführen lassen, wenn sie sich in der neuen Umgebung einigermaßen sicher fühlt und ihre anfängliche Scheu abgelegt hat.

Action für Einsteiger

Für Bewegungsspiele ist jede Katze zu haben, einige wenige unbelehrbare Couch Potatoes einmal ausgenommen. Für die neue, noch fremdelnde Katze sind Sportspiele der beste Einstieg in die Spielzeit mit ihrem Besitzer.
Kommunikation: ★★ Anleitung und spezielle Anreize brauchen Actionspiele nicht, allein der Jagdinstinkt sorgt dafür, dass es Ihrer Spielpartnerin in den Pfoten kribbelt.
Und immer wieder Bälle Im Spiel mit dem Ball baut die Katze aufgestaute Energien ab und befriedigt ihre Jagdlust. Für Wohnungskatzen ein unverzichtbarer Programmpunkt ihrer täglichen Agenda. Es muss kein Ball sein, das Papierknäuel oder eine leere Garnrolle tun es auch. Besonders reizvoll: Zickzackbälle, die ständig die Richtung ändern, und Snackballs, aus denen Leckerlis kullern.
• Da junge Katzen jedes Objekt in den Mund nehmen und auf Bissfestigkeit testen, müssen die Spielbälle so groß sein, dass sie nicht verschluckt werden können.

Fang die Maus Fangspiele fordern ein scharfes Auge, blitzschnelle Reaktion und die totale Konzentration. Angesichts einer Spielmaus am Faden, die der Spielpartner in schnellen Ruckbewegungen von ihr wegzieht, mutiert jede Katze zum beutehungrigen Tiger. Neben dem obligaten Federwedel zählen auch Objekte, die am Kratzbaum oder im Türrahmen hängen und sich mit ausgestreckter Pfote in Schwingung versetzen lassen, zu den Dauerbrennern.
Gesucht – gefunden Legen Sie einen Gegenstand, den Ihre Katze heiß und innig liebt (zum Beispiel Quietschmaus, Minzesäckchen), in einen offenen Karton. Ihre Mitspielerin sieht Ihnen dabei zu. Drücken Sie die Quietschmaus oder kratzen Sie am Karton, um ihre Neugier anzustacheln und sie zur Suche zu animieren. Mindestens ebenso aufregend: Ein am Faden befestigtes Objekt verschwindet unter dem Rand des Teppichs und zeigt seine Position nur durch die verräterische Wölbung an.
Hasch mich! Im Verfolgungsspiel tauschen Katze und Mensch immer wieder die Rollen: Jeder ist einmal Jäger und Gejagter. Versteckt sich der Gejagte, ist die Begeisterung riesengroß, wenn er entdeckt wird.

INFO

Raufereien ohne Worte

Geraten sich Katzen ernsthaft in die Haare, geht das nicht ohne Geschrei, Fauchen und Knurren ab. Anders bei spielerischen Kämpfen: Zu hören ist nichts, höchstens dann und wann ein kurzer Schmerzenslaut, wenn der Gegner versehentlich zu fest zubeißt.

Für Pfotenkünstler

Dass die Katze Pfoten und Krallen präzise und geschickt einsetzt, erkennt man spätestens dann, wenn sie Fische aus einem Teich fängt. Die Katzenpfote ist eine effektive Waffe, aber auch ein perfektes Angel- und Tastwerkzeug.
Kommunikation: ★★★ Pfotenspiele verlangen Geschick, Konzentration und eine gute Beobachtungsgabe. Demonstrieren Sie Ihrer Katze zuvor mehrmals, wie es geht. Auch wenn es nicht klappt, gibt es ein Leckerli.
Snack-Angeln Ein hohes, schmales Glasgefäß wird so weit mit Snacks oder Sisal- bzw. Stoffbällen aufgefüllt, dass die Katze sie mit der Pfote erreicht und mit den Krallen packen und herausfischen kann. Schwieriger wird es mit einem Ton- oder Keramikzylinder, wo die Anglerin sich ohne optische Kontrolle allein auf ihren Tastsinn verlassen muss.
Buddelbox Verstecken Sie Leckerlis und Spielzeug in einem offenen Umzugskarton, den Sie zuvor mit zerknülltem Papier gefüllt haben. Ihre Katze darf Ihnen beim Verstecken zuschauen und dann in der Schatzkiste wühlen.
Schweizer-Käse-Kiste Schneiden Sie in die Seiten eines nicht zu kleinen Kartons mehrere Löcher, durch die Ihre Katze die Pfote, aber nicht den Kopf stecken kann. Jeweils zwei Löcher liegen so nebeneinander, dass sie durch ein Loch die Pfote stecken und durchs andere sehen kann, wonach sie angelt. Ein paar Löcher im geschlossenen Deckel sorgen dafür, dass Licht ins Innere fällt. Legen Sie einige Objekte, die sich gut mit den Krallen packen lassen, in den Karton und schütteln ihn, um Ihrer Katze das Startzeichen zum Suchen zu geben.
Aktion flinke Pfote Der Zoohandel bietet ein breites Sortiment sogenannter Play-'n'-Scratch-Spiele an. Mit der Pfote kann die Katze eine Kugel, die in einer Schiene läuft, anschubsen, aber nicht herausholen. Darüber hinaus lädt eine Kratzmatte zum Krallenwetzen ein.

Fummeln erlaubt Ein Fummelbrett verlangt Tüftel- und Kopfarbeit. In den Löchern und Vertiefungen des Bretts warten Spielsachen und Snacks darauf, von der Sachbearbeiterin entdeckt zu werden. Dazu muss sie aber zuerst diverse Klappen, Deckel und Schieber öffnen, die den Weg zu den Belohnungen versperren. Im Zoofachhandel gibt es Fummelbretter in vielen Ausführungen, ein selbst gebasteltes Fummelbrett macht Ihrer Katze aber garantiert genauso viel Spaß.

Das Tropfen-Mysterium Wasser ist nicht unbedingt das Lieblingselement der Katze, einem tropfenden Wasserhahn kann aber kaum eine widerstehen. Dabei fasziniert das geheimnisvolle Verschwinden der Tropfen im Abfluss so sehr, dass sich die Katze kaum von dem Schauspiel trennen mag. Manche Katzen testen mit zaghaftem Pfoteneinsatz, ob sich die Wassertropfen fangen lassen.

Langzeitspielspaß: Die Kugel in der Play-'n'-Scratch-Laufschiene hält die Katze immer wieder aufs Neue in Atem.

EIN FALL FÜR CLEVERCAT

Katzen sind scharfe Beobachter. Sie prägen sich Funktionen, Abläufe und einzelne Bewegungen genau ein und ahmen sie nach, wenn es ihnen Vorteile verspricht. Mancher Stubentiger weiß schon nach kurzer Zeit, was es mit einem Türgriff auf sich hat und was er anstellen muss, um die Tür zu öffnen. Testen Sie doch mal, was Ihr Mini-Tiger von Denksportaufgaben hält.

Kommunikation: ★★★★ Setzt ein enges Vertrauensverhältnis zum Menschen voraus. Die Katze erkennt schon am kleinsten Fingerzeig, was von ihr erwartet wird.

Straßensperre Errichten Sie aus Stellwänden, Brettern oder Gittern eine fast zimmerbreite Absperrung, die Ihre Katze nicht überspringen kann. Rollen Sie in ihrem Beisein einen Ball unter der Sperre hindurch. Auf direktem Weg kann die Katze den Ball nicht holen, sondern muss den längeren Weg um die Straßensperre herum nehmen. Fast alle Katzen kapieren sehr schnell, wie der Hase läuft. Mehr Hirnschmalz fordert die u-förmige Anordnung der Sperre, bei der die Schenkel an den Außenseiten nach hinten zeigen, sodass die Katze zuerst einige Meter in die Gegenrichtung laufen muss.

Der Schachteltest Die Katze schaut zu, wenn Sie ihr Lieblingsspielzeug in eine Box legen und sie mit einen Pappdeckel abdecken. Für die meisten Katzen kein Problem: Deckel mit der Pfote herunterschubsen und Spielzeug herausfischen. Schwieriger: Objekt in eine von drei Schachteln legen (zuerst ohne Deckel), und nur für Profis: Positionen der Schachteln vor der Suche vertauschen.

Die **halbfett** gesetzten Seitenzahlen verweisen auf Abbildungen. U = Umschlag.

A

B

C

D

E

Quiz-Box Auflösung und Info

Seite 39: Schnurren

1. **Nein,** auch kranke Katzen und Tiere, die sich nicht wehren können, schnurren, um zu signalisieren, dass sie harmlos und friedfertig sind.
2. **Ja,** das zeigen auch schon die Kätzchen, wenn sie an den Zitzen ihrer Mutter saugen.
3. **Nein,** die Katze schnurrt sowohl beim Ein- wie beim Ausatmen und könnte den Schnurrlaut theoretisch unbegrenzt produzieren.

Seite 49: Duftmarken

1. **Nein,** die Duftmarken dienen der eigenen Orientierung und liefern darüber hinaus anderen Katzen Informationen über die Revierbesitzerin.
2. **Nein,** dabei werden vertraute Menschen, befreundete Artgenossen und andere Tiere zugleich auch mit den Duftstoffen der Katze markiert.
3. **Ja,** Katzen bekräftigen auf diese Weise ihre Vormachtstellung und ihren Revieranspruch.

Seite 96: Eine Katze zieht ein

1. **Ja,** in fremder Umgebung bleibt eine Katze in den ersten Tagen meist auf Distanz.
2. **Ja,** wenn sie sich ausreichend beschäftigen kann und in die Familie integriert ist.
3. **Nein,** in kleineren Wohnungen sollte der Bewegungsraum nicht eingeschränkt werden.
4. **Nein,** aus der Hand füttert man nur kranke oder schwache Katzen.

Seite 108: Wie Katzen lernen

1. **Nein,** Katzen machen mit, weil sie belohnt werden und das Spiel mit dem Menschen lieben.
2. **Ja,** ob die Lektion erfolgreich oder nicht ist, spielt für die Katze keine Rolle. Streicheleinheiten und Leckerlis erhält sie nach jeder Übung.
3. **Ja,** bleibt aber die positive Verstärkung (z. B. Leckerlis) auf Dauer aus, lässt die Kooperationsbereitschaft der Katze nach.

Wichtige Hinweise

Die Haltungsempfehlungen und Praxistipps in diesem Buch beziehen sich auf gesunde, normal entwickelte Jungtiere aus liebevoller Privathaltung oder guter Zucht. Wer eine erwachsene Katze zu sich nimmt, muss wissen, dass sie ihre Gewohnheiten nicht ohne Weiteres aufgeben wird. Er sollte die Katze unbedingt vorher in ihrer bisherigen Umgebung kennenlernen. Bei Tierheimkatzen geben Ihnen der Tierheimleiter und das Pflegepersonal gern Auskunft über Persönlichkeit, Eigenheiten und Vorgeschichte der Katze. Mit einer Katze, die schon durch viele Hände ging und dabei auch schlechte Erfahrungen mit Menschen gemacht hat, sind Anfänger in der Katzenhaltung in der Regel überfordert.

Adressen und Literatur

Die Inhalte dieses Buches beziehen sich auf die Bestimmungen des deutschen Tier- bzw. Artenschutzes. In anderen Ländern können die Angaben abweichen. Erkundigen Sie sich im Zweifelsfall bitte bei Ihrem Zoofachhändler oder bei der entsprechenden Behörde.

Verbände und Vereine

Deutscher Tierschutzbund e. V., Baumschulallee 15, 53115 Bonn, www.tierschutzbund.de

Österreichischer Tierschutzverein, Berlagasse 36, A-1210 Wien, www.tierschutzverein.at

Schweizer Tierschutz (STS), Dornacherstr. 101, CH-4008 Basel, www.tierschutz.com

Fédération Internationale Féline (FIFe), L-2015 Luxembourg, www.fifeweb.org

Tierärztliche Vereinigung für Tierschutz e. V. (TVT), Geschäftsstelle: Bramscher Allee 5, 49565 Bramsche, www.tierschutz-tvt.de

Bundesverband praktizierender Tierärzte e. V. (BPT), www.smile-tierliebe.de

Forschungskreis Heimtiere in der Gesellschaft, Postfach 110728, 28087 Bremen, www.mensch-heimtier.de

Registrierung von Katzen

Deutsches Haustierregister, Deutscher Tierschutzbund e. V., Baumschulallee 15, 53115 Bonn, 24-Stunden-Servicetelefon: (0228) 6049635

Internationale Zentrale Tierregistrierung (IFTA), Nördliche Ringstr. 10, 91126 Schwabach, Tel. (00800) 43820000 (kostenlos), www.tierregistrierung.de

TASSO e. V., Abt. Haustierzentralregister, 65784 Hattersheim, Tel. (06190) 937300, www.tasso.net

Fragen zur Haltung von Katzen beantworten

Ihr **Zoofachhändler** und der **Zentralverband Zoologischer Fachbetriebe Deutschlands e. V. (ZZF),** www.zzf.de, Online-Portal des ZZF: www.my-pet.org, Tel. (0611) 44755332 (Mo 12–16, Do 8–12 Uhr)

Tierkrankenversicherung

Uelzener Krankenversicherung, Postfach 2163, 29511 Uelzen, www.uelzener.de

Allianz, Königinstr. 28, 80802 München, www.katzeundhund.allianz.de

Agila Haustierversicherung AG Breite Str. 6–8, 30159 Hannover, www.agila.de

Urlaubsservice

Urlaubs-Beratungsservice des Deutschen Tierschutzbundes, Tel. (0228) 60496-27 (Mo–Do 9–17, Fr 10–16 Uhr)

Bücher

Hofmann, Helga: **300 Fragen zum Katzenverhalten.** Gräfe und Unzer Verlag, München

Kieffer, Birgit: **Meine Katze macht was sie will.** Gräfe und Unzer Verlag, München

Linke-Grün, Gabriele und Wegler, Monika: **Wohnungskatzen.** Gräfe und Unzer Verlag, München

Ludwig, Gerd: **Katzen Basics.** Gräfe und Unzer Verlag, München

Rüssel, Katja: **Clickertraining.** Gräfe und Unzer Verlag, München

Zeitschriften

die Edelkatze. Verbandszeitschrift des 1. DEKZV

katzen. Hrsg. D. R. U.

Our Cats. Minverva Verlag GmbH, Mönchengladbach

Geliebte Katze. Gong Verlag, Ismaning

Der Autor

Dr. Gerd Ludwig ist Autor, Journalist, Zoologe und ein großer Katzenfreund. Für den Gräfe und Unzer Verlag hat er bereits mehrere Ratgeber zur Haltung von Katzen geschrieben, zuletzt »Katzen Basics« und »Katzen – Das große Praxishandbuch«.

Die Illustratorin

Katharina Rücker-Weininger ist als Illustratorin auf die Darstellung von Menschen, Tieren, besonders auf Bewegungsstudien und Körpersprache, sowie auf Food spezialisiert. Ihre malerischen Tierstudien wurden bislang europaweit in über 50 Ausstellungen gezeigt (www.ruecker-art.de).

Umwelthinweis
Dieses Buch ist auf PEFC-zertifiziertem Papier aus nachhaltiger Waldwirtschaft gedruckt.

Die GU-Homepage finden Sie unter www.gu.de

GRÄFE UND UNZER

Ein Unternehmen der
GANSKE VERLAGSGRUPPE

Projektleitung: Anna Geistbeck
Redaktionelle Mitarbeit: Maria Hellstern, Anita Zellner
Lektorat: Gabriele Linke-Grün
Bildredaktion: Daniela Jelinek
Umschlaggestaltung und Layout: independent Medien-Design, Horst Moser, München
Grafik und Satz: Ludger Vorfeld
Herstellung: Martina Koralewska
Repro: Longo AG, Bozen
Druck und Bindung: Firmengruppe APPL, aprinta druck, Wemding

Printed in Germany

ISBN 978-3-8338-5221-3

1. Auflage 2016

Syndication:
www.jalag-syndication.de

Bildnachweis

Die Fotos in diesem Buch stammen von: **Animal Photography:** 70-1, 70-3, 71-4; **Arco Images:** 53, 82; **Biosphoto:** 71-1, 71-6; **Colourbox:** 64, 103, 105; F1-online: 22; Fotolia: 80, 109; **Getty Images:** Cover, 2 + 3, 10, 16, 71-5, 73, 76 + 77, 83, 84, 95, 100; **Oliver Giel:** 6, 8 + 9, 14, 34, 44, 46, 47, 62, 68, 116, 121, U4-2; **iStockphoto:** 12; **Juniors Bildarchiv:** 33, 42, 58, 71-3; Laif: 71-2; **Masterfile:** 69; **Mauritius Images:** 24 + 25, 26, 40, 41; Plainpicture: 56, 59, 98, 114, U4-1, U4-3; **Privat:** 128; **Ulrike Schanz:** 70-2; **STOCKSY:** 13, 38, 67, 78, 88, 89, 112; **Tierfotoagentur:** 17, 23, 70-4; **Jana Weichelt:** 20, 30, 31, 37, 55, 60, 85, 86, 90, 93, 99.
Die Illustrationen in diesem Buch stammen von
Matias Kovacic: 94 und
Katharina Rücker-Weininger: 4, 19, 29, 50, 51, 74, 97, 107, 110, 111, 118, 119.

www.facebook.com/gu.verlag

QUALITÄTS GU GARANTIE

Liebe Leserin, lieber Leser,

haben wir Ihre Erwartungen erfüllt? Sind Sie mit diesem Buch zufrieden? Haben Sie weitere Fragen zu diesem Thema? Wir freuen uns auf Ihre Rückmeldung, auf Lob, Kritik und Anregungen, damit wir für Sie immer besser werden können.

GRÄFE UND UNZER Verlag
Leserservice
Postfach 86 03 13
81630 München
E-Mail:
leserservice@graefe-und-unzer.de

Telefon: 00800 / 72 37 33 33*
Telefax: 00800 / 50 12 05 44*
Mo–Do: 9.00 – 17.00 Uhr
Fr: 9.00 – 16.00 Uhr
(gebührenfrei in D, A, CH)*

Ihr GRÄFE UND UNZER Verlag
Der erste Ratgeberverlag – seit 1722.